Michael Thiel

Das Geheimnis der

Primzahlzwillinge

Essen, 2011

Herstellung und Verlag:
Books on Demand GmbH, Norderstedt
ISBN 978-3-8423-8489-7

Inhalt

3

Einleitung

Das Phänomen ‚Primzahlen' stellt schon seit vielen Jahrhunderten zahlreiche Mathematiker vor noch nicht gelöste Probleme.

Eine offene Frage im Zusammenhang mit den Primzahlen ist, ob es unendlich viele Primzahlzwillinge gibt.

Primzahlzwillinge sind zwei aufeinander folgende Primzahlen, die einen Abstand von 2 haben. Darunter fallen u.a. die Zahlenpaare 3 mit 5, 5 mit 7, 11 mit 13 oder 17 mit 19.

Diese Arbeit verfolgt das Ziel zu einem Verständnis für das Erscheinen von Primzahlen und Primzahlzwillingen zu gelangen, damit abschließend eine tendenzielle Aussage über die Endlichkeit oder Unendlichkeit von Primzahlzwillingen getroffen werden kann.

In fünf Kapiteln werden dafür von verschiedenen Ansätzen ausgehend neue Instrumentarien geschaffen, die potentiell nutzbringend für das Treffen einer solchen Aussage sind. Möglicherweise schaffen diese Instrumentarien eines Tages eine Basis von der aus die Frage letztlich beantwortet werden kann.

Im ersten Kapitel befasse ich mich grundlegend mit der Entstehung der Primzahlen. Dabei werde ich die drei Systeme des Zählens, der Addition und der Multiplikation gegenüberstellen, um zu ergründen, warum im Unterschied der drei Systeme die Entstehung der Primzahlen verwurzelt ist.

Diese Verwurzelung wird im zweiten Kapitel erkennbar, wenn man das Multiplikationssystem als ein zeitliches System betrachtet. Der Zahlenaufbau erfolgt nämlich nach bestimmten Prinzipien, die keineswegs ungeordnet ablaufen.

Das dritte Kapitel stellt Bedingungen auf, die an einer Endlichkeitsbehauptung von Primzahlzwillingen geknüpft sind. Die Endlichkeit fordert nämlich ein regelmäßiges Erscheinen von Produkten aus Primzahlen an bestimmten Positionen im Zahlenteppich. Wenn man

5

nachweisen kann, dass ein solches regelmäßiges Erscheinen sich nie verifizieren kann, dann hätte man einen indirekten Beweis für die Unendlichkeit von Primzahlzwillingen.

Im vierten Kapitel werden daher Positionen bzw. Orte im Zahlenteppich besprochen, an denen Regelmäßigkeiten und Unregelmäßigkeiten auftreten. Das Herausfiltern solcher Zustände hat den Zweck, Wahrscheinlichkeiten aufzuzeigen, die eher für oder gegen die Unendlichkeit von Primzahlzwillingen sprechen.

Das fünfte Kapitel bespricht die Ergebnisse der vorausgehenden Kapitel paradigmatisch an einer Zahl L. Diese schafft nämlich ein Umfeld, von dem aus betrachtet, sehr viele teils miteinander konkurrierende Voraussetzungen erfüllt sein müssten, damit es irgendwann im Zahlenteppich tatsächlich keine Primzahlzwillinge mehr gibt.

Das Ergebnis dieser Arbeit wird zeigen, dass die Wahrscheinlichkeit einer Endlichkeit von Primzahlzwillingen äußerst gering ist, eben weil dann viele verschiedene Bedingungen beim Erscheinen neuer Zahlen erfüllt sein müssten.

1. Die Entstehung der Primzahlen

1.1 Das Zählen

Es erscheint zunächst banal, wenn man sich die Frage stellt, was überhaupt Zahlen sind. Zahlen sind durch das Abzählen von Dingen entstanden, die sich durch irgendwelche Kennzeichen in einen Sammelbegriff zusammenfassen lassen. Man könnte z.B. die Menschen zählen, die sich zu einer bestimmten Zeit an einem bestimmten Ort befinden oder man zählt wie viele Äpfel an einem Baum hängen. In diesen Fällen wäre der Sammelbegriff Mensch oder Apfel. Es lassen sich beim Zählen für Dinge sowohl umfassende als auch einschränkende Begriffe wählen. Man könnte sich so z.B. dafür entscheiden, dass man generell alles an Obst zählt, hier aber nicht danach unterscheidet, ob es sich um Äpfel oder Birnen handelt. In diesem Fall ist der Sammelbegriff also Obst. Für die Zahl, die sich letztlich bildet ist es irrelevant, um welche Art des Gezählten es sich handelt. Wenn jemand beim Zählen z.B. letztlich auf die Zahl 4 kommt, spielt es für das Zustandekommen der 4 keine Rolle, ob der Zählende sich bei den gezählten Gegenständen auf vier Dinge gleicher oder verschiedener Natur bezieht. Für das Zustandekommen der Zahl 4 ist es stattdessen relevant, dass sie sich auf vier Einheiten bezieht. Diese können zu sich selbst genommen in der Regel, nicht derselben wohl aber dergleichen Natur sein. Es versteht sich von selbst, das es wenig Sinn macht, einen einzigen Apfel so zu zählen, als hätte man vier Äpfel.

Beim Zählen geht es somit um bestimmte Einheiten. Zur Beschreibung der Anzahl dieser Einheiten wurden Zahlen entworfen. Jede Zahl steht somit für die Häufigkeit des Vorhandenseins einer bestimmten Einheit. Die 2 beschreibt zwei Einheiten und die 4 beschreibt vier Einheiten.

1.2 Die Addition

Der Mensch stellte jedoch irgendwann fest, dass das Zählen von Dingen mühsam wurde. Dies war insbesondere dann der Fall, wenn er Dinge bereits gezählt hatte, zu jenen jedoch neue Dinge hinzubekam.

Wenn ein Bauer fünf Kühe besaß, irgendwann dann aber zwei dazu bekam, hatte er bis dato zum Feststellen, wie viele Kühe er jetzt besaß nur die Möglichkeit alle Kühe zusammen noch einmal zu zählen. Er musste also wieder bei der ersten Kuh beginnen, obwohl er sie ja bereits gezählt hatte. Er zählte also alle Kühe, beginnend von den ersten fünf und endend bei den neuen beiden. Sein Resultat am Ende des Zählens waren sieben Kühe. Vielleicht war es gerade dieser Bauer, der irgendwann feststellte, dass sich bestimmte Sachverhalte beim Zählen wiederholen. Vielleicht bemerkte er, dass sich immer genau dann die Zahl 7 offenbart, wenn man zu fünf Dingen zwei dazu bekommt.

Die Wiederholungen beim Zählen fielen nicht nur dem Bauern, sondern auch anderen Menschen auf. Ein anderer stellte vielleicht fest, dass sich das Resultat 5 immer dann ergibt, wenn man zu zwei Dingen drei dazu gibt. Wieder ein anderer stellt fest, dass gleiche Resultate aus dem Zusammenfügen unterschiedlicher Mengen entstehen können. Er war es, der feststellte, dass man nicht nur aus fünf plus zwei Dingen sieben Dinge herausbekommt, sondern auch aus drei plus vier Dingen.

Die Entdeckungen schlauer Menschen, dass man beim Zusammenfügen bestimmter Dinge eine bestimmte Größe herausbekommt, häuften sich. Daher taten sie sich zusammen und entwickelten ein System, das alle Sachverhalte bzgl. des Dazufügens von Dingen umschreiben sollte. Die Rede ist von dem Additionssystem. Es beschreibt das Zusammenfügen von Bündeln, die aus einer bestimmten Anzahl von Einheiten bestehen.

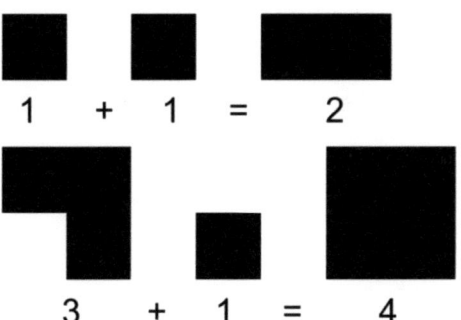

1   +   1   =   2

3   +   1   =   4

1.3 Die Multiplikation

Dank des Additionssystems konnte man mit einfachen Operationen die Gesamtheit von Einheiten errechnen, die sich durch das Zusammenfügen von Bündeln gleicher oder unterschiedlich großer Anzahlen von Einheiten ergaben.

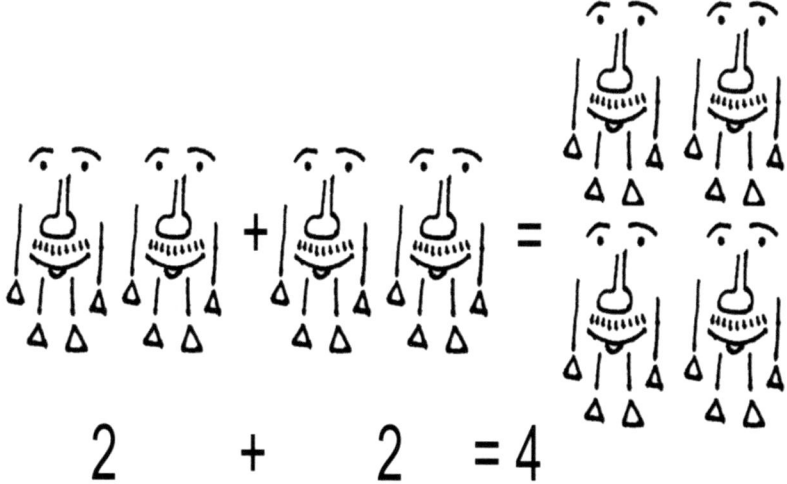

Irgendwann entdeckten die Menschen, dass sich bestimmte Additionsschritte vereinfachen lassen. Dies ist insbesondere immer dann der Fall, wenn man Bündel zusammenfügt, die eine gleich große Anzahl von Einheiten besitzen. Das Feststellen, wie groß die Anzahl von Einheiten im Resultat ist, erfolgt durch eine andere Rechenoperation, der Multiplikation. Anders als bei der Addition werden hier die Bündel nicht mehr zusammengefügt bzw. zusammengezählt, sondern es wird hierbei zunächst die Häufigkeit der gleich großen Bündel von Einheiten festgestellt, um jene dann mit der Größe der Einheiten innerhalb eines Bündels zu multiplizieren. Die Rechenoperation 2 + 2 = 4 führt zwar zu dem gleichen Resultat wie die

Rechenoperation $2 \times 2 = 4$, aber dennoch sind mit beiden Rechenoperationen unterschiedliche Sachverhalte gemeint.

In der Addition $2 + 2$ beschreibt jede 2 ein Bündel mit zwei Einheiten. In der Multiplikation wird nur ein Bündel mit zwei Einheiten beschrieben. Die andere Zahl 2 beschreibt hingegen, dass dieses Bündel zweimal vorhanden ist.

Der Unterschied wird vor allem in den Rechenoperationen sichtbar, die zu anderen Ergebnissen führen, obwohl im Ursprung der Berechnung gleiche Zahlenwerte benutzt wurden.

So ergibt die Addition $3 + 3 = 6$ ein anderes Resultat als die Multiplikation $3 \times 3 = 9$. Um diese Multiplikation in einer Addition zu beschreiben, müsste man stattdessen $3 + 3 + 3$ schreiben, weil man eben drei Bündel mit jeweils drei Einheiten zusammengefasst hat.

1.4 Relevanz

Die vorausgehenden drei Abschnitte erscheinen zunächst banal, weil wir die einfachen Rechenoperationen der Arithmetik ja bereits in der Grundschule erlernt haben. Doch durch den alltäglichen Umgang mit Hochleistungsrechnern verlieren wir vielleicht gerade den Blick auf die einfachen nahe liegenden Rechenoperationen. Doch vielleicht sind gerade hier die entscheidenden Ursachen für die Geheimnisse um die Primzahlen zu entdecken. Denn dass es generell Primzahlen gibt, hängt mit der Kombination des Additions- und Multiplikationssystem zusammen.

1.5 Die Kombination des Additions- und Multiplikationssystems

Wie zuvor ausgeführt beziehen sich beide Systeme auf das Abzählen von Einheiten und vereinfachen dieses auf ihre spezifische Weise.

Beim Abzählen natürlicher Zahlen erscheinen diese auf ihre einmalige und im Hier und Jetzt bestehende individuelle Weise. Die jeweilige Zahl erscheint beim Zählen in dem Moment, in dem man Bezug zu der dazugehörigen Einheit schafft.

Das Entstehen einer Zahl im Additionssystem funktioniert jedoch auf eine andere Weise. Man fügt Bündel von Einheiten zusammen. Als Resultat erhält man eine Zahl, die durchaus Zahlen auslässt, deren Gebrauch vorher beim Zählen noch notwendig war. Bei der Rechenoperation $2 + 3 = 5$ erscheinen so z.B. nicht die Zahlen 1 und 4, obwohl diese beim Raufzählen zur 5 benutzt worden wären. Neu an der Addition im Vergleich zum Zählen ist auch, dass man zu einer gleichen Summe auf verschiedene Arten kommen kann. So lässt sich die 5 nicht nur aus $2 + 3$ erzeugen, sondern auch aus $0 + 5$, $1 + 4$, $3 + 2$, $4 + 1$ und $5 + 0$. Lässt man die Rechenschritte außer Acht, in denen ein Summand die Null und der andere äquivalent der Summe ist (z.B. $0 + 5$ und $5 + 0$) lässt sich sagen, dass sich jede Zahl $x > 1$ aus $x - 1$ verschiedenen Rechenoperationen mit natürlichen Zahlen erzeugen lässt.

An dieser Stelle wird auch das Multiplikationssystem interessant, weil sich eine natürliche Zahl x nicht auf eine so vielfache Art und Weise erzeugen lässt. Viel mehr noch haben verschiedene Zahlen hier eine andere Bedeutung als in der Addition. In der Addition hatte die 0 die Bedeutung, dass man etwas hatte, aber nichts dazu bekommt bzw. dass man noch nichts hatte und etwas dazu bekommt. Das Resultat ist in diesem Fall äquivalent mit dem, was man schon hatte bzw. mit dem das man dazubekommt. In der Multiplikation hingegen spielt die Null insofern nur eine Rolle, dass man die Häufigkeit von etwas feststellt, dass man nicht hat, demzufolge, bleibt auch das Resultat immer Nichts bzw. eine Null. 5×0 bzw. 0×5 ist und bleibt gleich Null.

Auch die 1 beschreibt in der Multiplikation einen fein zu unterscheidenden Sachverhalt. In der Addition entsteht die Zahl 1 durch das plötzliche Feststellen des Vorhandenseins einer Einheit. In der Multiplikation hingegen wird diese Einheit auf ihre Häufigkeit überprüft und ist diese ebenfalls 1 ergibt sich $1 \times 1 = 1$. Auch für die Entstehung der Zahl 2 ergeben sich in der Multiplikation andere Sachverhalte.

In der Addition gab es drei verschiedene Sachverhalte:

1. Man hatte noch nichts und man bekam dann ein Bündel mit 2 Einheiten dazu.

    $0 + 2 = 2$

2. Man besaß eine Einheit und man bekam noch eine dazu.

    $1 + 1 = 2$

13

3. Man besaß ein Bündel mit zwei Einheiten, man bekam aber nichts dazu, daher blieb alles beim alten.

    2 + 0 = 2

In der Multiplikation müssen die Sachverhalte jedoch anders geschildert werden, nämlich so, dass man entweder eine Einheit besitzt, die zweimal vorhanden ist (2 x 1 = 2) oder dass man ein Bündel mit zwei Einheiten besitzt, dass eben nur einmal vorhanden ist (1 x 2 = 2).

Interessant bleibt es auch bei der Zahl 3. Ähnlich wie die 2, lässt sich diese auch nur in den Rechenoperationen 1 x 3 = 3 oder 3 x 1 = 3 ausdrücken. Zu dem Produkt 3 kommt man nur auf diese beiden Weisen, sofern man als Multiplikatoren und Multiplikanden nur natürliche Zahlen verwendet.

In 1.3 hatte ich bereits den Unterschied der Gleichung 2 x 2 = 4 zur Additionsgleichung 2 + 2 = 4 erläutert. Der Zahl 4 kommt in der Multiplikation eine besondere Bedeutung zu. Sie ist die erste natürliche Zahl, die sich nicht nur aus 1 mit sich selbst multipliziert ergibt, sondern aus zwei anderen Multiplikatoren bzw. Multiplikanden. In diesem Fall ist die Zahl 2 sowohl der Multiplikator als auch der Multiplikand, der für die Bildung der Zahl 4 verantwortlich ist. Die Zahl 1 ließ sich nur aus sich selbst heraus bilden, die Zahlen 2 und 3 nur aus sich selbst heraus und aus der Zahl 1, die Zahl 4 jedoch offeriert eine ganz neue Möglichkeit innerhalb der Multiplikation. Sie lässt sich nicht nur aus 1 und sich selbst erzeugen, sondern zudem auch aus zwei ihr selbst unterschiedlichen Multiplikatoren und Multiplikanden. Ein Sachverhalt der innerhalb des Zahlenteppichs der Multiplikation häufig auftaucht. So sind die Zahlen 6, 8, 9, 10 und 12 ebenso Zahlen, die sich auch durch andere Multiplikatoren bzw. Multiplikanden bilden lassen, als nur durch sich selbst oder durch 1.

$$2 \times 3 = 6$$
$$2 \times 4 = 8$$
$$2 \times 2 \times 2 = 8$$
$$3 \times 3 = 9$$
$$2 \times 5 = 10$$
$$3 \times 4 = 12$$
$$2 \times 6 = 12$$
$$2 \times 2 \times 3 = 12$$

Andere Zahlen hingegen entsprechen dem gleichen Sachverhalt wie 2 und 3, sie lassen sich nur durch sich selbst und durch 1 in der Multiplikation bilden. Dazu gehören neben 2 und 3 auch 5, 7, 11 und 13. Solche Zahlen nennt man Primzahlen. Unter Primzahlen versteht man alle natürlichen Zahlen, die größer als 1 sind und nur durch sich selbst oder 1 teilbar sind.

Die Frage ist nun, wie entstehen diese Primzahlen und warum lassen sie sich in der Multiplikation nicht durch andere natürliche Zahlen bilden. Im Grundprinzip des Zählens erscheinen die Primzahlen als charakterschwache Zahlen. Hier beschreiben sie lediglich die Häufigkeit einer bestimmten Einheit. In der Addition erhalten sie ihren Charakter dadurch, dass Bündel mit einer bestimmten Anzahl von Einheiten zu einem großen Bündel zusammengefügt werden. Abgesehen von der Zahl 2 lassen sich alle Primzahlen nur durch Bündel bilden, von denen mindestens eins eine andere Anzahl an Einheiten hat, als die anderen Bündel. Allerdings muss man dabei beachten, dass mindestens eins der Bündel nicht nur aus der Einheit 1 besteht bzw. nicht nur aus einem Bündel, deren Anzahl an Einheiten der Endsumme entspricht.

In Beachtung dieser Regel lässt sich die Zahl 3 so nur aus einem Bündel mit einer Einheit und einem Bündel mit zwei Einheiten bilden. Die Zahl 5 lässt sich aus einem Bündel mit zwei Einheiten und einem Bündel aus drei Einheiten bilden. Die Zahl 7 hat die Möglichkeiten sich aus einem Bündel mit einer Einheit und einem Bündel mit 6 Einheiten bilden zu lassen (1 + 6 = 7), aus einem Bündel mit 2 Einheiten und einem mit 5 Einheiten (2 + 5 = 7) oder aus einem Bündel mit 3 Einheiten und einem aus 4 Einheiten (3 + 4 = 7). Doch in keinem der Gleichungen erscheinen die Bündel mit einer gleich großen Anzahl an Einheiten.

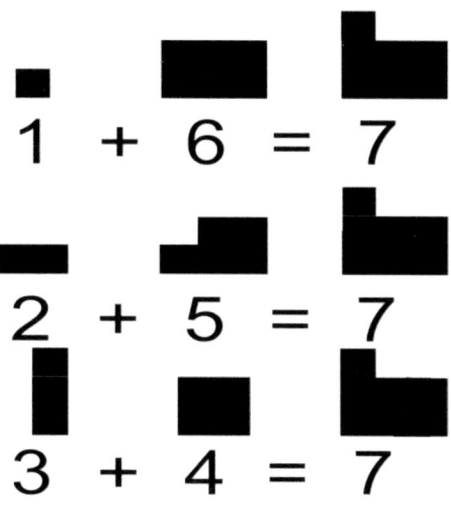

Zunächst könnte man vermuten, dass es daran liegt, weil alle Primzahlen außer 2 ungerade Zahlen sind, sie daher keine einheitliche Bündelung zulassen. Doch nimmt man die ungerade nicht prime Zahl 9 zeigt sich, dass diese sich zumindest in drei Bündel mit jeweils drei Einheiten aufteilen lässt.

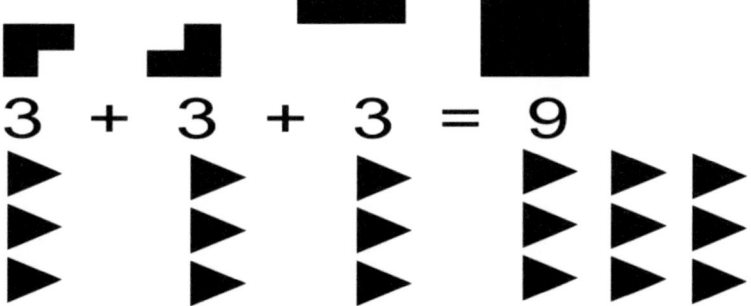

Ebenso ergeht es der nicht primen Zahl 12. Auch sie lässt sich in gleichmäßige Bündel aufteilen. Sie lässt sich in 2 Sechserbündel, in 3 Viererbündel, in vier Dreierbündel oder in 6 Zweierbündel unterteilen. Ich stelle somit fest, dass eine nicht prime Zahl sich immer in gleichmäßige Bündel unterteilen lässt, die nicht nur Bündeln entsprechen, die nur eine Einheit besitzen oder ein Bündel, deren Anzahl an Einheiten so groß ist, wie die Zahl selbst. Primzahlen hingegen lassen sich nur in Bündel aufteilen, deren Anzahl an Einheiten nicht größer als 1 ist oder sie lassen sich nur in ein Bündel aufteilen, dessen Anzahl an Einheiten der Primzahl selbst entspricht.

Additionssystem

0	1	2	3	4	5	6	7	8	9	10	11	12	13	14	15
1	2	3	4	5	6	7	8	9	10	11	12	13	14	15	16
2	3	4	5	6	7	8	9	10	11	12	13	14	15	16	17
3	4	5	6	7	8	9	10	11	12	13	14	15	16	17	18
4	5	6	7	8	9	10	11	12	13	14	15	16	17	18	19
5	6	7	8	9	10	11	12	13	14	15	16	17	18	19	20
6	7	8	9	10	11	12	13	14	15	16	17	18	19	20	21
7	8	9	10	11	12	13	14	15	16	17	18	19	20	21	22
8	9	10	11	12	13	14	15	16	17	18	19	20	21	22	23
9	10	11	12	13	14	15	16	17	18	19	20	21	22	23	24
10	11	12	13	14	15	16	17	18	19	20	21	22	23	24	25
11	12	13	14	15	16	17	18	19	20	21	22	23	24	25	26
12	13	14	15	16	17	18	19	20	21	22	23	24	25	26	27
13	14	15	16	17	18	19	20	21	22	23	24	25	26	27	28
14	15	16	17	18	19	20	21	22	23	24	25	26	27	28	29
15	16	17	18	19	20	21	22	23	24	25	26	27	28	29	30

Multiplikationssystem

	1	2	3	4	5	6	7	8	9	10	11	12	13	14	15
1	1	2	3	4	5	6	7	8	9	10	11	12	13	14	15
2	2	4	6	8	10	12	14	16	18	20	22	24	26	28	30
3	3	6	9	12	15	18	21	24	27	30	33	36	39	42	45
4	4	8	12	16	20	24	28	32	36	40	44	48	52	56	60
5	5	10	15	20	25	30	35	40	45	50	55	60	65	70	75
6	6	12	18	24	30	36	42	48	54	60	66	72	78	84	90
7	7	14	21	28	35	42	49	56	63	70	77	84	91	98	105
8	8	16	24	32	40	48	56	64	72	80	88	96	104	112	120
9	9	18	27	36	45	54	63	72	81	90	99	108	117	126	135
10	10	20	30	40	50	60	70	80	90	100	110	120	130	140	150
11	11	22	33	44	55	66	77	88	99	110	121	132	143	154	165
12	12	24	36	48	60	72	84	96	108	120	132	144	156	168	180
13	13	26	39	52	65	78	91	104	117	130	143	156	169	182	195
14	14	28	42	56	70	84	98	112	126	140	154	168	182	196	210
15	15	30	45	60	75	90	105	120	135	150	165	180	195	210	225

Wenn man das Additionssystem betrachtet, erkennt man schnell, dass sich jede Zahl durch Addition zweier ihr kleinerer Zahlen bilden lässt. Dabei kann jede ihr kleinere Zahl Summand sein. In dem Multiplikationssystem ist dies nicht möglich. Für die Bildung einer Zahl sind als Multiplikatoren und Multiplikanden nur ganz bestimmte Zahlen möglich. Aus der 1 oder sich selbst, lässt sich jede Zahl durch Multiplikation bilden, aber nicht aus anderen Zahlen. So lässt sich die Zahl 8 aus den beiden Zahlen 2 und 4 bilden. Für die Zahl 9 ist nur die 3 als natürlicher Multiplikator und Multiplikand möglich. Die Zahl 12 hingegen lässt 4 andere Zahlen zu ihrer Bildung zu, nämlich 2, 3, 4 und 6. Dass Primzahlen außer 1 und sich selbst keine natürlichen Teiler besitzen, liegt daran, dass sie sich auch nicht in gleichmäßige Bündel aufteilen lassen.

Die Multiplikation ist die verkürzte Beschreibung der Bündelung innerhalb der Addition.

So wird 3 + 3 + 3 + 3 zu 4 x 3 oder 6 + 6 zu 2 x 6 verkürzt. Die Multiplikation beschreibt somit die Häufigkeit von Bündeln mit einer bestimmten Anzahl von Einheiten auf verkürztem Weg. Dies erleichtert vor allem dann die Rechenoperationen, wenn man die gesamte Anzahl an Einheiten von ganz vielen Bündeln mit gleichgroßer Anzahl an Einheiten herausbekommen möchte.

Wie bereits gezeigt wurde, lassen sich Primzahlen nicht in exakt mehrere gleichgroße Bündel die größer als 1 sind aufteilen. Selbst wenn man die Anzahl der Bündel erhöht, gelingt dies nicht. Benutzt man für die Zahl 7 zwei Bündel erhält man eins mit 3 Einheiten und ein anderes mit 4 Einheiten (3 + 4 = 7). Benutzt man drei Bündel erhält man zwei mit jeweils 2 Einheiten, aber auch ein weiteres mit 3 Einheiten. Es kann also keinen anderen Weg innerhalb der Multiplikation geben eine Primzahl aus anderen natürlichen Zahlen zu bilden, als aus 1 oder sich selbst. Dennoch erscheinen Primzahlen in dem Multiplikationssystem, dies jedoch nur in der ersten Zeile bzw. Spalte unterhalb bzw. neben den Multiplikatoren bzw. Multiplikanden. Hier schaffen sie eine Ausgangsbasis für das Bilden höherer Zahlen. Ohne die Primzahlen ist das Multiplikationssystem nämlich genauso wenig denkbar. Würden die Primzahlen keine Grundlage bilden, kämen sie also auch nicht als Multiplikatoren und Multiplikanden in Frage. Das System würde über die Zahl 1 nicht hinaus kommen oder nur als reines Abzählsystem die Zahlen bilden.

Das Multiplikationssystem ist zwar durch die Vereinfachung des Zusammenfassens von gleichmäßigen Bündelungen aus der Addition heraus entstanden, ansonsten lässt es aber keine Transparenz zu dem Additionssystem zu. Wenn wir beide Systeme gegenüberstellend betrachten, erkennen wir, das beide völlig voneinander verschiedene Sacherverhalte beschreiben. Im Multiplikationssystem erscheinen außerhalb der ersten Spalte bzw. Zeile keine Primzahlen. Dazu kommt, dass durch die Multiplikation sehr schnell viel höhere Zahlenwerte erreicht werden als bei der Addition. So ergibt die Summe aus $15 + 15$ nur 30, wobei das Produkt aus 15×15 bereits 225 ergibt. Das liegt natürlich daran, weil mit $15 + 15$ auch nur 2×15 beschrieben wird.

Für die Bildung einer natürlichen Zahl sind nicht so viele Multiplikationen aus natürlichen Zahlen möglich als bei der Addition. Dennoch werden aber alle Zahlen als Ausgangsbasis verwendet. Wenn ich meine beiden Systeme betrachte, die als Ausgangsbasis jeweils 15 Zahlen für beide Summanden bzw. Multiplikator und Multiplikand vorgeben, entdecke ich, dass die Anzahl der möglichen Gleichungen gleich ist. In beiden Systemen erscheinen 225

Gleichungen. Dennoch erreicht die höchste Summe des Additionssystems nur die Zahl 30. Allein die Zahl 16 lässt sich in fünfzehn Gleichungen ausdrücken, deren Summanden kleiner oder gleich 15 sind.

Der Grund, warum in der Addition jede natürliche Zahl $x > 1$ generell aus $x - 1$ Gleichungen gebildet werden kann, deren Summanden größer als 0 sind, wurzelt darin, dass sich jede Zahl x auf die generelle Häufigkeit von Einheiten bezieht und die lassen sich eben in alle möglichen kleineren Bündel von Einheiten aufteilen. Jede höhere Zahl hat eine Einheit mehr als die vorausgehende. Der Zahlenstrahl erweitert sich um eine Einheit und da diese eben auch in ein Bündel mit einer Einheit beschrieben werden kann, hat die höhere Zahl zur vorausgehenden eben auch eine Gleichung mehr, aus der sie gebildet werden kann.

In der Multiplikation funktioniert das nicht, weil eine nächst gebildete Zahl, nicht nur eine Einheit mehr dazu bekommt, sondern gleich ein Bündel mit einer bestimmten Anzahl an Einheiten. Wenn man 14 Bündel besitzt, mit jeweils 15 Einheiten, so beträgt die gesamte Anzahl an Einheiten 210. Wenn man ein Bündel dazu bekommt, erweitert sich die Anzahl der Einheiten eben nicht nur um eine Einheit, sondern um 15 Einheiten.

$$14 \times 15 + 15 = 225.$$

Weil das neue Bündel einer Anzahl an Einheiten entsprach, die mit den vorherigen Bündeln gleich ist, lässt sich diese Rechenoperation auch in $15 \times 15 = 225$ beschreiben. Hätte man jedoch nur ein Bündel mit 14 Einheiten dazubekommen, wäre es nicht möglich die 225 in einer reinen Multiplikation aus einer Fünfzehnerbündelung zu beschreiben.

$$14 \times 15 + 14 = 224.$$

Zwar lässt sich die 224 in andere Bündelungen aufteilen, z.B. in 16 Vierzehnerbündel oder in 28 Achterbündel, aber nicht in Fünfzehnerbündeln.

Wenn man den Übergang von 14 x 15 = 210 zu 15 x 15 = 225 betrachtet, entdeckt man, dass die Fünfzehnerbündelungen von der vorausgehenden zur nächsten Gleichung einen Sprung machen, nämlich genau um 15 Einheiten. Dadurch entsteht zwischen 210 und 225 eine Lücke, in denen es keine Fünfzehnerbündelungen aus natürlichen Zahlen, innerhalb der reinen Multiplikation gebildet, geben kann. Die Zahlen 211 bis 224 müssten daher aus Bündelungen anderer Größe entstehen, aber nicht durch die Zahl 15. Die Zahl 224 lässt sich so z.B. in Bündel der Größe 2, 8, 14 u.a. aufteilen. Zwei andere Zahlen dieses Bereichs lassen hingegen keine Bündelung aus mindestens zwei Zahlen gleicher Größe zu. In diesem Bereich sind es die Zahlen 211 und 223. Beide Zahlen sind daher Primzahlen. Sie lassen sich nur durch 1 oder durch sich selbst teilen.

Es zeigt sich also, dass sich durch die Sprünge, die Multiplikationen von Bündeln hervorbringen, Lücken von Zahlen ergeben, die nicht in mehrere gleichmäßige Bündel größer 1 aufgeteilt werden können.

Meine nächste Frage ist daher, warum werden manche Zahlen, nämlich die Primzahlen, durch die Sprünge so übergangen, dass sie diese Bündelungen nicht zulassen.

Auffällig innerhalb des Multiplikationssystems ist, dass es manche Zahlen gibt, die sich auf verschiedene Weise Bündeln lassen. Mein Verdacht ist, dass sie dafür verantwortlich sind, dass es zu keiner Bildung von Primzahlen kommt, die aus mehreren Bündeln größer 1 bestehen.

Ein auffälliges Exemplar ist die Zahl 12, die im Verhältnis ihrer Größe bereits vier verschiedene Bündelungen aus Zahlen größer 1 zulässt.

Sie kann sowohl aus Zweier-, Dreier, Vierer- und Sechserbündeln gebildet werden. Dies heißt aber auch, dass die Zahlen 2, 3, 4, und 6 erst wieder durch die nachfolgend zweite, dritte, vierte oder sechste Zahl in Bündelungen verwendet werden können. So lässt sich die 14 erst wieder in Zweierbündel, die 15 in Dreierbündel, die 16 in Viererbündel und die 18 in Sechserbündel aufteilen. Gleiches gilt auch für die Zahlen, die der 12 vorausgehen, so kann die Aufteilung in Zweierbündel erst wieder ab der Zahl 10, die Aufteilung in Dreierbündel erst ab der Zahl 9, die Aufteilung in Viererbündel erst ab der Zahl 8 erfolgen. Die Zahlen 11 und 13, die der Zahl 12 unmittelbar vorausgehen bzw. nachfolgen, können somit nicht durch eine Zweier-, Dreier, Vierer- oder Sechserbündelung ausgedrückt werden. Andere Bündelungen mit jeweils 5 oder 7 Einheiten sind im Umfeld von 11 und 13 schon durch 7, 10, 14 und 15 besetzt, so dass diese für 11 und 13 auch nicht in Frage kommen. Die Zahlen 11 und 13 sind somit Primzahlen, weil sie sich außer in Einer oder Elfer- bzw. Dreizehnerbündel nicht aufteilen lassen.

Die Zahlen 11 und 13 wurden in gewisser Weise durch die Häufung möglicher Bündelungen auf der Zahl 12 ausgelassen. Jeder Sprung des Zweier-, Dreier-, Vierer- und Sechserbündels vorausgehend oder nachfolgend der Zahl 12 verhinderte sozusagen ein Auftreffen jener Bündel auf die Zahlen 11 und 13. Da diese eben auch nicht von weiteren gleichgroßen Bündeln erfasst wurden, wurden sie zu Primzahlen.

Das System des Zählens ist ein System gleichmäßig großer Schritte. Jede nächst größere Zahl ist um exakt eine Einheit größer. Bei der Multiplikation verhält es sich hingegen anders. Von einer bestimmten Zahl ausgehend gehen die zur Bildung beteiligten Multiplikatoren bzw. Multiplikanden in einer ungleichmäßiggroßen Schrittanzahl auf die nächste Zahl zu. Wie groß die Schritte bzw. Sprünge sind, hängt von ihrer Größe ab bzw. auf wie viele Bündel sie sich mit wie vielen Einheiten beziehen.

Im Multiplikationssystem vollziehen sich verschiedenartige Schritte, die ich mit dem Begriff ‚Zeit' in Beziehung setzen möchte. Eine größere Zahl in der Funktion eines Multiplikators bzw. Multiplikanden macht größere Schritte. Sie erreicht schneller eine höher liegende Zahl. Dafür hinterlässt sie aber auch eine größere Lücke an Zahlen, an dessen Bildung sie nicht beteiligt sein kann. Im nachfolgenden Kapitel möchte ich das Multiplikationssystem als ein spezielles Zeitsystem betrachten, dass in einer neuen Art und Weise die Entstehung von Zahlen und Primzahlen fixiert.

2. Das Multiplikationssystem als zeitliches System

Warum ich das Multiplikationssystem als Zeitsystem betrachten möchte, begründe ich zunächst mit der Zahl 12.

Wenn ich die Aussage mache, dass 12 = 12 ist, gehe ich erst einmal davon aus, dass diese Aussage wahr ist. Mit dem Gleichheitszeichen „=" beschreibe ich, dass ein Sachverhalt mit einem anderen in gleicher Natur erscheint, doch er muss deshalb keineswegs identisch mit dem Sachverhalt sein.

Wenn ich die Aussage 12 = 12 betrachte, sehe ich, dass die erste 12 mit der zweiten 12 schon aus dem Grunde nicht identisch sein kann, weil sich die eine rechts des Gleichheitszeichens, die andere links des Gleichheitszeichens befindet.

In den beiden Gleichungen 2 x 6 = 12 und 3 x 4 = 12 wird zwar der gleiche Sachverhalt im Resultat 12 beschrieben, aber durch die verschiedenen Rechenoperationen wird nicht die gleiche Entstehungsgeschichte erzählt. Meine Frage lautet daher, worin, abgesehen von unterschiedlichen Zahlenwerten der Multiplikatoren bzw. Multiplikanden, der Unterschied zwischen beiden Rechenoperationen besteht.

Sicherlich liegt der Unterschied teils in der Größe der Bündelung und der Häufigkeit jener Bündel. Doch meine Frage geht weiter zurück, denn ich möchte verstehen, was der Unterschied ist und welche Bedeutung er hat. Zur Ergründung gehe ich wieder auf die Entstehung der Zahlen innerhalb der verschiedenen Operationen zurück. Beim reinen Raufzählen benötigt man von der Zahl 1 beginnend zwölf Zähloperationen um zu der Zahl 12 zu gelangen. In der Multiplikation kann sich die Anzahl der Zähloperationen verkürzen. In der Entscheidung, eine Rechenoperation mit natürlichen Zahlen in der Multiplikation durchzuführen, wurzelt auch das Wissen darüber, dass man die Gesamtanzahl aller Einheiten gleichgroßer Bündel ermitteln will. Hätte man dieses Wissen nicht, hätte man sich zur Ermittlung der Gesamtanzahl möglicherweise ja auch für die Operationen Abzählen oder Addition entschieden. Insofern geht der Entscheidung für die Multiplikation eben auch die Bedingung voraus, dass es sich bei den Bündeln um gleichgroße Bündel handelt. Mit dieser Bedingung im Hinterkopf ergeben sich für die Rechenoperationen $2 \times 6 = 12$ und $3 \times 4 = 12$ zwei voneinander verschiedene Sachverhalte.

Ich betone noch einmal, dass die Entscheidung zur Multiplikation das Wissen darüber voraussetzt, dass es sich bei den Bündeln um gleichgroße Bündel handelt. Insofern reicht es aus, wenn wir vor dem Rechenschritt nur die Anzahl an Einheiten eines Bündels ermitteln. Dazu könnten wir über das Abzählen gelangen. Im Falle, dass der Multiplikator für die Häufigkeit von Bündeln steht und der Multiplikand für die Anzahl von Einheiten, benötigen wir für das Ermitteln des Multiplikanden in der Gleichung 2×6 sechs Zähloperationen und in der Gleichung 3×4 vier Zähloperationen. Das Ermitteln der Häufigkeit (Multiplikator) von Bündeln erfordert weitere Zähloperationen. In der Gleichung 2×6 sind dies zwei weitere Zähloperationen und in der Gleichung 3×4 drei Zähloperationen. Daraus ergibt sich, dass mit dem Wissen, dass es sich um gleichgroße Bündel handelt, die Gleichung 2×6 insgesamt acht Zähloperationen erfordert, wobei die Gleichung 3×4 nur insgesamt sieben Zähloperationen erfordert. Wenn die Zähloperationen in der gleichen Geschwindigkeit verlaufen, ergibt sich daraus ein kurioser neuer Sachverhalt. Dies würde nämlich bedeuten, dass die 12, die aus 3×4 gebildet wird früher zustande kommt, als die 12 aus 2×6. Beide Produkte ergeben zwar 12, erscheinen aber um eine Zähloperation zeitlich versetzt.

Zur Ermittlung der Zähloperationen gelange ich, indem ich den Multiplikator und den Multiplikanden addiere. Die zeitliche Versetzung zur Entstehung eines Produktes gleichen Zahlenwertes kann aber noch viel größer sein. Bereits bei den Multiplikationen natürlicher Zahlen, die zur Zahl 24 führen, liegt die Summe der Zähloperationen bei 4 x 6 bei 10, bei 3 x 8 bei 11 und bei 2 x 12 bei 14 Zähloperationen.

Die Relevanz, warum ich das Multiplikationssystem als Zeitsystem erfasse, liegt in dem Grund, dass ohne Berücksichtigung der zeitlichen Abläufe innerhalb des Systems keine erkennbare Ordnung geschaffen werden kann, die Rückschlüsse darüber gibt, warum und vor allem an welchen Stellen Primzahlen entstehen.

	1	2	3	4	5	6	7	8	9	10	11	12	13	14	15
1	1	2	3	4	5	6	7	8	9	10	11	12	13	14	15
2	2	4	6	8	10	12	14	16	18	20	22	24	26	28	30
3	3	6	9	12	15	18	21	24	27	30	33	36	39	42	45
4	4	8	12	16	20	24	28	32	36	40	44	48	52	56	60
5	5	10	15	20	25	30	35	40	45	50	55	60	65	70	75
6	6	12	18	24	30	36	42	48	54	60	66	72	78	84	90
7	7	14	21	28	35	42	49	56	63	70	77	84	91	98	105
8	8	16	24	32	40	48	56	64	72	80	88	96	104	112	120
9	9	18	27	36	45	54	63	72	81	90	99	108	117	126	135
10	10	20	30	40	50	60	70	80	90	100	110	120	130	140	150
11	11	22	33	44	55	66	77	88	99	110	121	132	143	154	165
12	12	24	36	48	60	72	84	96	108	120	132	144	156	168	180
13	13	26	39	52	65	78	91	104	117	130	143	156	169	182	195
14	14	28	42	56	70	84	98	112	126	140	154	168	182	196	210
15	15	30	45	60	75	90	105	120	135	150	165	180	195	210	225

Das obige Multlplikationssystem zeigt das Wirrwarr. Es beschreibt die Abläufe bei den Multiplikationen ausgehend von den Multiplikatoren und

27

Multiplikanden. Wie ich am Produkt 12 bereits gezeigt habe, erscheint diese zeitlich versetzt. Dies bestätigt sich auch im Multiplikationssystem. Die Zahl 12 erscheint mal in zweiter Zeile / sechster Spalte oder in dritter Zeile / vierter Spalte. In diesem System betrachte ich sozusagen das Zeitverhalten rechtsseitig der Multiplikationsgleichungen. Um jedoch eine Ordnung im System zu erzeugen, müsste ich ein System schaffen, dass den Blick auf das Zeitverhalten der Produkte ermöglicht. Das heißt, ein System, das ausgehend von den Produkten die jeweilige Beteiligung der Multiplikatoren und Multiplikanden zeigt. Dadurch könnte ich den Aspekt der zeitlichen Versetzung ausblenden. Eine Lösung könnte in dem nachfolgend vorgestellten Polygon-Rotationssystem zu finden sein.

2.1 Das Polygon-Rotationssystem

Das vorausgehende Kapitel hat gezeigt, dass sich die Entstehung der Zahlen ordentlich nicht von der Seite der Multiplikatoren und Multiplikanden ausgehend darstellen lässt. Dies liegt daran, weil die Multiplikatoren und Multiplikanden zu unterschiedlichen Zeitpunkten das Zahlensystem mit gleichen Zahlen füllen. Im System des reinen Abzählens hingegen erscheinen die Zahlen in geordneter Reihenfolge. Eine solche soll auch für die Entstehung der Zahlen angestrebt werden. Das reine Abzählen soll mir dabei als Ausgangsbasis dienen. Beim Raufzählen von Zahlen erscheint zunächst die 1, dann die 2, dann die 3 u.s.f.

Der reine Blick auf diesen Ablauf reicht jedoch nicht aus, um die Beteiligung der jeweiligen Multiplikatoren und Multiplikanden an der Bildung der jeweiligen Zahlen zu erkennen. Daher schreibe ich zunächst hinter jeder Zahl, die Beteiligung aller möglicher Multiplikatoren und Multiplikanden dazu. An der Zahl 1 ist nur die Zahl 1 als Multiplikator und Multiplikand beteiligt. Daher schreibe ich 1 → M 1.

An der Zahl 2 sind die Zahlen 1 und 2 als Multiplikatoren und Multiplikanden beteiligt.

Dafür schreibe ich 2 → M 1, 2.

Wenn ich dieses Prinzip in eine Tabelle übertrage, erhalte ich für die Zahlen 1 bis 18:

1	M 1
2	M 1, 2
3	M 1, 3
4	M 1, 2, 4
5	M 1, 5
6	M 1, 2, 3, 6
7	M 1, 7
8	M 1, 2, 4, 8
9	M 1, 3, 9
10	M 1, 2, 5, 10
11	M 1, 11
12	M 1, 2, 3, 4, 6, 12
13	M 1, 13
14	M 1, 2, 7, 14
15	M 1, 3, 5, 15
16	M 1, 2, 4, 8, 16
17	M 1, 17
18	M 1, 2, 3, 6, 9, 18

An der Tabelle zeigt sich, dass der erste mögliche Multiplikator bzw. Multiplikand für jede Zahl immer 1 ist, weil sich eben jede Zahl auch durch 1 teilen lässt. An letzter Position als möglicher Multiplikator bzw. Multiplikand erscheint immer die Zahl selbst noch einmal, weil sich eben jede Zahl auch

29

durch sich selbst teilen lässt. Interessant sind jedoch die Positionen dazwischen, zwischen 1 und der Zahl selbst. Bei den Primzahlen gibt es keine Zahlen in der mittleren Position zwischen 1 und sich selbst, weil sich jede Primzahl eben nur durch 1 und durch sich selbst teilen lässt. Bei anderen Zahlen hingegen erscheinen die möglichen Multiplikatoren und Multiplikanden in einer scheinbar ungeordneten Reihenfolge und in einer scheinbar nicht zu bestimmenden Häufigkeit. Doch ist die Rangfolge der zur Bildung einer Zahl möglichen Multiplikatoren und Multiplikanden tatsächlich ungeordnet. Die Antwort lautet: Nein. Die Rangfolge erscheint uns nur ungeordnet, weil das System, das ich benutzt habe, den Ablauf der Rangfolge eben nicht impliziert. Am Beispiel der Zahl 12 habe ich gezeigt, dass eine geordnete Rangfolge existiert. Diese jedoch individuell für jeden Multiplikator und Multiplikanden. Nach Bildung der Zahl 12 ist die 2 als Multiplikator bzw. Multiplikand erst in zwei Schritten, die 3 in drei Schritten, die 4 in vier Schritten u.s.f. zur Bildung einer nächsten Zahl bereit. Die Größe der Schritte ist für jede Zahl geordnet, weil die Anzahl ihrer Schritte der Größe ihrer Einheiten entspricht. Die Unordnung entsteht durch einen anderen Aspekt. Sie entsteht durch den Startpunkt bei der Entstehung der Zahlen. Wenn alle Zahlen bei Null beginnen, erreichen alle Zahlen bei gleicher Schrittanzahl andere Zahlen, an deren Produkt sie als Multiplikatoren und Multiplikanden beteiligt sein können, weil ihre Schrittgröße divergiert. Dies zeigen die nachfolgenden Zahlenreihen.

1, 2, 3, 4, 5, 6, 7, 8, 9…

2, 4, 6, 8, 10, 12,14, 16,18…

3, 6, 9, 12, 15, 18, 21…

4, 8, 12, 16, 20, 24, 28…

5, 10, 15, 20, 25, 30, 35…

Doch die Schritte, die eine Zahl als Multiplikator bzw. Multiplikand macht, beginnen zu einem anderen Zeitpunkt und nicht schon bei Null. Sie entstehen erst mit der Entstehung der Zahl selbst. Dies heißt bei der Multiplikation der Zahl selbst mit der Zahl 1. In Beachtung dieses Sachverhalts entsteht für die oberen Reihen ein anderes Muster:

1	2	3	4	5	6	7	8	9	10...
	2		4		6		8		10...
		3			6			9...	
			4				8...		
				5					10...

Um eine Ordnung im Multiplikationssystem zu erzeugen, muss man den Fokus also nicht auf die Anzahl der Schritte richten, die von Null ausgehen, sondern auf die Größe der Schritte jedes Multiplikators bzw. Multiplikanden ab dem Zeitpunkt der Entstehung des Multiplikators bzw. Multiplikanden. Die Entstehung einer Zahl zieht nämlich gleichzeitig die Entstehung ihrer Multiplikatoren und Multiplikanden nach sich. Die Zahl schickt diese dabei in fortlaufende Richtung für die Entstehung weiterer Zahlen. Die Größe der Schritte, die ein Multiplikator bzw. Multiplikand überwindet, um an der Bildung einer neuen Zahl beteiligt zu sein, hängt auch gleichzeitig von der Größe des Multiplikators bzw. Multiplikanden ab bzw. von der Zahl, die ihn erschaffen hat. Das heißt, dass die Zahl 2 ab ihrer Entstehung, Multiplikatoren und Multiplikanden um immer zwei Schritte in fortlaufende Richtung schickt, die 3 ihre Multiplikatoren bzw. Multiplikanden um drei Schritte u.s.f.

Diesen Ablauf der Zahlenbildung und die jeweilige Beteiligung der Multiplikatoren bzw. Multiplikanden möchte ich zunächst beschreiben, um ihn anschließend graphisch umzusetzen.

Ich beginne dafür mit der Zahl 1 und sage, dass sie zum Zeitpunkt 1 entsteht. Zu diesem Zeitpunkt existieren noch keine weiteren Zahlen. Dies heißt, dass von der Zahl 1 auch nur Multiplikatoren und Multiplikanden der Größe 1 ausgehen. Die Zahl 1 reicht somit die 1 als Multiplikator bzw. Multiplikand um einen Schritt weiter an die nächste Zahl. Dies heißt, dass die 1 auch an der Bildung der nächsten Zahl beteiligt ist. Für diese Zahl ist sie zwar Baustein, aber nicht durch die Multiplikation, sondern durch das Raufzählen oder die Addition. Zum Zeitpunkt 2 entsteht durch das Raufzählen oder das Addieren die Zahl 2. Jetzt existieren also zwei Zahlen die an nächste Zahlen weiter gereicht werden können und das passiert auch, allerdings nicht in gleichen Schritten. Von der Zahl 2 ausgehend, wird die 1 wieder zur nächsten Zahl weitergereicht, die 2 jedoch zur übernächsten, eben weil der Multiplikator bzw. Multiplikand nur zwei Schritte zulässt. Zum Zeitpunkt 3 erscheint im Zahlenteppich die Zahl 3. Diese erschafft sich selbst als Multiplikator bzw. Multiplikand- Möglichkeit und reicht somit die 3 an die drittnächste Zahl. Die 1 wiederum reicht sie an die nächste Zahl weiter. Auf das Weiterreichen der Zahl 2 hat sie keinen Einfluss, da diese sich bereits auf dem Weg zur Zahl 4 befindet. Die 3 hat somit keinen Einfluss darauf den Weg der 2 als natürliche Zahl, die sie bleiben soll, zu unterbrechen.

Ich möchte zunächst die drei bereits beschriebenen Zeitpunkte graphisch umsetzten. Die 1 hat das Charakteristikum, dass sie an der Bildung jeder Zahl beteiligt ist. Daher wähle ich für sie als graphisches Zeichen einen Pfeil, der nach oben zeigt. Diesen nenne ich absoluten Nordpunkt.

Immer wenn dieser Pfeil bei Bildung einer Zahl nach oben zeigt, heißt dies, dass die 1 an der Bildung als Multiplikator bzw. Multiplikand beteiligt war. Da die 1 als Multiplikator und Multiplikand für jede Zahl in Frage kommt, verändert sich an dem Pfeil nichts. Er ist immer auf den absoluten Nordpunkt gerichtet und steht permanent in 360° Gradstellung. Man könnte sich auch vorstellen, dass er zwischen zwei natürlichen Zahlen einmal um 360° rotiert. Erscheint aber eine natürliche Zahl erreicht er wieder die 360° - Stellung.

Die Zahl 2 kennzeichne ich durch einen ähnlichen Pfeil. Der Pfeil soll ebenfalls immer dann nach oben zum absoluten Nordpunkt zeigen, wenn die Zahl 2 zu einem Zeitpunkt als Multiplikator verwendet wird. Auch dieser Pfeil zeigt nach einer 360° Rotation zum absoluten Nordpunkt. Da die Zahl 2 jedoch nicht an der Bildung jeder Zahl beteiligt ist, sondern immer auf einmal zwei Schritte in fortlaufende Richtung macht, rotiert der Pfeil pro Schritt um 180°.

Die Zahl 3 braucht für die Rotation zum absoluten Nordpunkt in diesem

Sinne drei Schritte. Daher beträgt jeder Rotationsschritt 120°. Dementsprechend eignet sich zur graphischen Veranschaulichung für die Zahl 3 ein Dreieck, auf dessen Spitze einer Ecke ein Pfeil mit Richtungsanzeige thront.

Ebenso wie bei den anderen Zahlen zeigt dieser immer auf den absoluten Nordpunkt, wenn die 3 an einer Multiplikation beteiligt ist.

Und so sehen die ersten drei Zeitpunkte bei der Entstehung der Zahlen in der graphischen Abfolge aus:

33

ZEITPUNKT 1 (Entstehung der Zahl 1)

ZEITPUNKT 2 (Entstehung der Zahl 2)

ZEITPUNKT 3 (Entstehung der Zahl 3)

Wenn man die drei unterschiedlichen Zeitpunkte vergleicht, kann man gut erkennen, wann welche Zahl an der Bildung einer Zahl beteiligt ist. Nämlich immer dann, wenn deren graphisches Symbol auf den absoluten Nordpunkt gerichtet ist. Ebenso gut lässt sich erkennen, an welcher Stelle sich die jeweils nicht beteiligten Multiplikatoren bzw. Multiplikanden befinden und wie viel Weg sie noch zurücklegen müssen, um an der Bildung der nächsten Zahl beteiligt zu sein. Dies wird auch für die nächstfolgenden Zeitpunkte erkennbar. Für alle weiteren Zahlen verwende ich Polygone. An einer Ecke der Polygone befindet sich ebenso ein Pfeil, der dafür steht, an welcher Stelle der Rotation sich ein Multiplikator befindet, bevor er wieder zur Bildung einer Zahl bereit ist. Die Anzahl der Ecken bzw. Seiten des Polygons bestimmt die Zahl selbst. Sie entspricht ihrer Größe. So erhält die Zahl 4 ein Viereck, die Zahl 5 ein Fünfeck u.s.f. Die Größe, um wie viel Grad sich ein Polygon pro Bildung einer neuen Zahl dreht, entspricht für jede Zahl x → 360° / x.

Die Zahl 4 rotiert also pro Schritt um 90 °, die Zahl 5 um 72°, die Zahl 6 um 60° u.s.f.

ZEITPUNKT 4 (Entstehung der Zahl 4)

ZEITPUNKT 5 (Entstehung der Zahl 5)

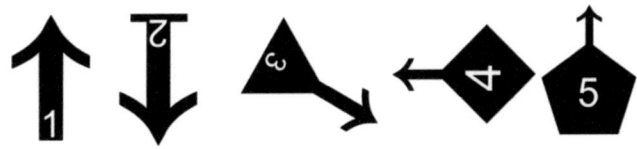

ZEITPUNKT 6 (Entstehung der Zahl 6)

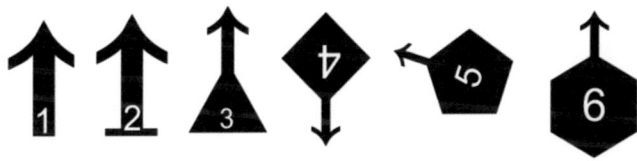

ZEITPUNKT 7 (Entstehung der Zahl 7)

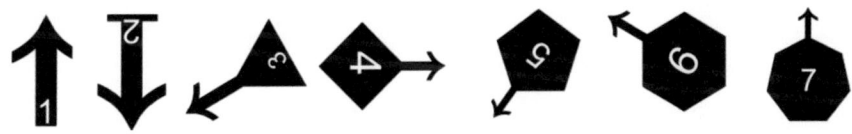

An der Entstehung der Zahl 7, einer Primzahl, zeigt sich sehr schön, warum Primzahlen entstehen. Es liegt daran, dass alle anderen Zahlen, die generell als Multiplikatoren und Multiplikanden zur Bildung der Zahl in Frage kämen, in dem Moment der Entstehung jener Zahl sich bereits in einer Polygon-Rotation befinden und den nächsten absoluten Nordpunkt noch nicht erreicht haben.

ZEITPUNKT 8 (Entstehung der Zahl 8)

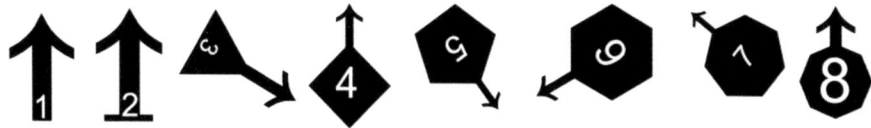

ZEITPUNKT 9 (Entstehung der Zahl 9)

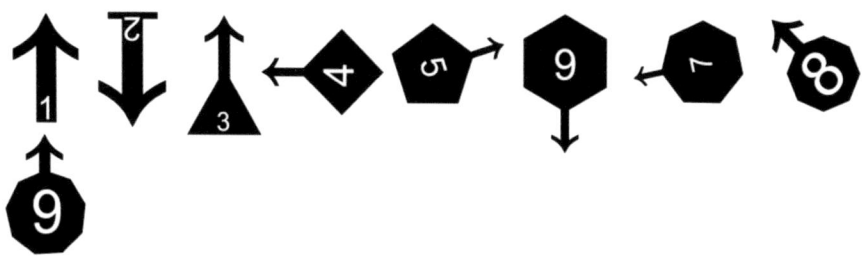

ZEITPUNKT 10 (Entstehung der Zahl 10)

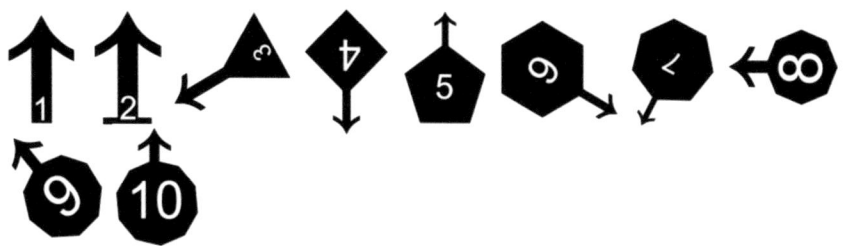

36

ZEITPUNKT 11 (Entstehung der Zahl 11)

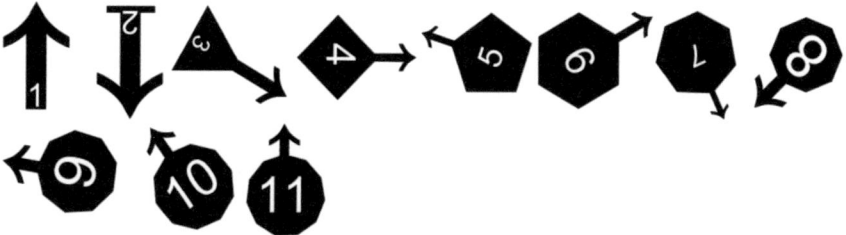

ZEITPUNKT 12 (Entstehung der Zahl 12)

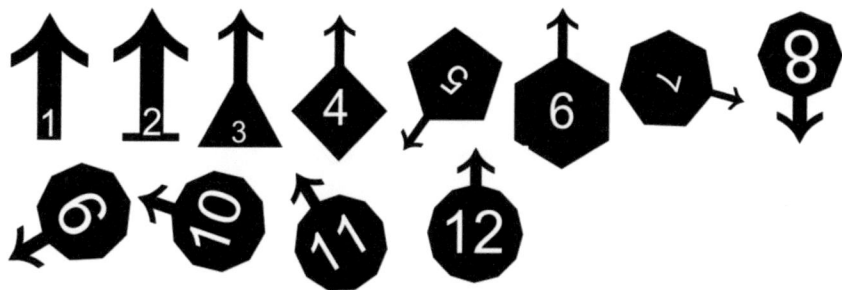

ZEITPUNKT 13 (Entstehung der Zahl 13)

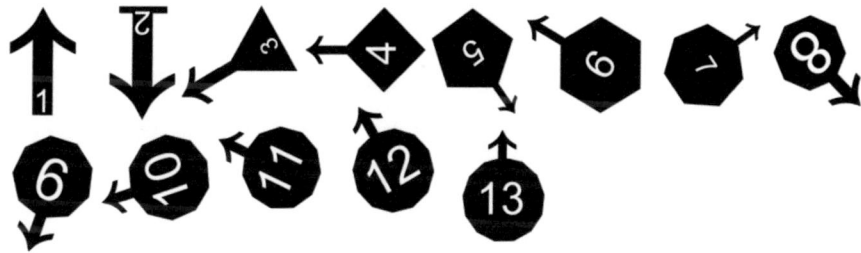

Zum Zeitpunkt 12, zu dem die Zahl 12 entsteht, zeigt sich das, was ich zu Beginn des Kapitels schon vorgeführt hatte, dass nämlich zu diesem Zeitpunkt mehrere Polygone auf den absoluten Nordpunkt gerichtet sind, daher also an der Entstehung der 12 beteiligt sind. Am Zeitpunkt davor haben diese Polygone ihre vorherige Rotation noch nicht abgeschlossen, sie können daher nicht auf die Bildung der Zahl 11 einwirken und genau so verhält es sich zum Zeitpunkt 13. Hier haben sie gerade ihre nächste Rotation begonnen und sie können daher auch nicht auf die Bildung der Zahl 13 einwirken. Da auch andere Polygone außer 1 und 11 bzw. 13 sich in einer noch nicht abgeschlossenen Rotation befinden, kommen sie auch nicht als Multiplikatoren bzw. Multiplikanden in Frage. Daher sind 11 und 13 Primzahlen.

Das Ziel der beiden ersten Kapitel war es, herauszufinden, warum und an welchen Stellen Primzahlen auftauchen. Der Grund, warum Primzahlen entstehen, wurzelt darin, dass sie nicht selbst durch Multiplikatoren bzw. Multiplikanden gebildet werden können, die größer als 1 und kleiner als sie selbst sind. Der Ort bzw. Zeitpunkt an bzw. zu dem sie entstehen liegt immer dort, wo alle Zahlen, die kleiner als sie selbst und größer als 1 sind, ihre Polygon-Rotationen noch nicht abgeschlossen haben. Eine solche ist im Polygon-Rotationssystem erst vollendet, wenn der absolute Nordpunkt in $360°$-Stellung erreicht ist. Demzufolge könnte man sagen, dass eine Zahl x eine Primzahl ist, wenn jede vorausgehende Zahl größer als 1 nicht auf den absoluten Nordpunkt zeigt. Das Ziel meiner Untersuchung ist es, sich der Frage anzunähern, ob es unendlich viele Primzahlzwillinge gibt. Zur Veranschaulichung verschiedener Sachverhalte werde ich im Verlauf der Arbeit immer wieder auf das Polygon-Rotationssystem zurückgreifen. Doch zunächst möchte ich mich der Frage zuwenden, was Primzahlzwillinge sind und welche Sachverhalte nachgewiesen werden müssten, um einen Beweis für ihre Unendlichkeit zu bekommen.

3. Die Unendlichkeit

Mit der Frage, ob es unendlich viele Primzahlzwillinge gibt, haben sich schon viele Forscher befasst. Doch noch keiner konnte einen endgültigen Beweis für diese Vermutung erbringen.

Doch wo liegt die Schwierigkeit in der Beweisbarkeit?

Der Beweis, dass es unendlich viele Primzahlen gibt, ist schon erbracht worden. Warum gelingt es dann nicht auch die Unendlichkeit der Primzahlzwillinge, jener Primzahlen, die nur einen Abstand von 2 zueinander haben, zu beweisen?

Ich möchte zunächst einmal einen Blick auf den Beweis der Unendlichkeit der Primzahlen richten, um zu zeigen, warum dieser Beweis nicht auch anwendbar auf den Beweis für die Unendlichkeit der Primzahlzwillinge ist.

Der Beweis wurde von Euklid indirekt erbracht. Er zeigte, dass es keine Endlichkeit für Primzahlen geben kann. Er ging also davon aus, dass es irgendwo im Zahlenteppich eine letzte Primzahl P gibt. Diese integrierte er in eine Multiplikation mit allen vorausgehenden Primzahlen. Er bildete also ein Produkt aus $2 \times 3 \times 5 \times 7 \times 11 \times 13 \ldots \times P$ und addierte 1 dazu. Es entstand also die Formel $2 \times 3 \times 5 \times 7 \times 11 \times 13 \ldots \times P + 1 = N$.

Die Zahl N würde jedoch eine Zahl ergeben, die durch alle Primzahlen geteilt, dennoch eine gebrochene Zahl übrig lassen würde. N hätte somit einen Rest von 1 zuviel, damit sie teilbar durch die verwendeten Primzahlen wird. Eine solche Zahl hätte zwei mögliche Konsequenzen. Die erste mögliche Konsequenz ist, dass sie eine Primzahl ist, eben weil sie keine natürlichen Teiler größer als 1 und kleiner als sie selbst hätte. Die zweite mögliche Konsequenz wäre, dass sie doch teilbar ist. Dann müssten ihre Teiler aber Primzahlen sein, die größer als P sind, weil eben P selbst und alle vorherigen Primzahlen nicht als Teiler verwendet werden könnten, eben weil sie zu einer gebrochenen Zahl führen. Egal, welche der beiden möglichen Konsequenzen für N in Frage kommen, beide Konsequenzen bedeuten, dass es eine Primzahl gibt, die größer als P ist. P kann daher nicht die letzte Primzahl sein. Daraus folgt, dass es immer wieder neue Primzahlen gibt und dies heißt, dass es unendlich viele Primzahlen gibt. Euklid führte somit den Beweis, es könnte endlich viele Primzahlen geben zu einem Widerspruch und lieferte damit den Beweis für die Unendlichkeit der Primzahlen.

Der Beweis lässt sich auch graphisch veranschaulichen.

Zunächst möchte ich aber darauf hinweisen, dass die Größe der beiden Bereiche auf der Grafik nicht der tatsächlichen Größe entsprechen. Der Bereich 2 ist um ein sehr hohes Vielfaches größer als der Bereich 1, weil sich in ihm sehr große Produkte befinden, die aus vielen verschiedenen Multiplikatoren und Multiplikanden der Primzahlen von 2 bis P entstanden sind.

Im Bereich 1 liegen alle Primzahlen, die mit der angeblich letzten Primzahl P den Bereich abschließen. Im Bereich 2 dürfte es daher keine Primzahl mehr geben, weil P ja die letzte sein soll.

Ich habe in der Grafik eine Zahl X hinzugefügt. X kann jede beliebige Zahl des Bereichs 2 sein. Meine Frage ist, um welche Art von Zahl kann es sich bei X handeln, wenn $N = 2 \times 3 \times 5 \times 7 \ldots \times P + 1$ ist. Nach der Behauptung P sei die letzte Primzahl, wäre X keine Primzahl. Ergo wäre sie das Produkt aus Primzahlen des Bereichs 1 (z.B. 13 x 31 x P). Dies würde aber bedeuten, dass man N nicht durch X teilen könnte, eben weil X sich in einige gleiche Primzahlfaktoren zerlegen lässt, die auch für N verwendet wurden. X impliziert daher Zahlen, die N nicht in natürliche Zahlen teilen kann. Da sich N somit durch keine Zahl X teilen ließe, würde das die erste Konsequenz bedeuten, nämlich dass N eine Primzahl ist.

Wenn die Zahl X aber keine Zahl ist, die sich durch eine Primzahl des Bereichs 1 teilen lässt, dann ist sie entweder eine Primzahl oder ein Produkt von Primzahlen, die größer als P sind und somit im Bereich 2 zu finden wären. Beides heißt aber, dass es im Bereich 2, Primzahlen gibt, die größer als P sind. Es gibt noch eine vierte Möglichkeit für die Zahl X. Sie kann nämlich auch das Produkt aus einer Primzahl des Bereichs 1 und einer Primzahl des Bereichs 2 sein. Aber auch das würde heißen, dass es größere Primzahlen als P gibt. Es zeigt sich also, dass alle vier Möglichkeiten für die Zahl X letztlich dazu führen, dass es nach einer Primzahl P immer eine größere Primzahl gibt. Ein Blick auf das Polygon-Rotationssystem zeigt die Stellung der Multiplikatoren und Multiplikanden zum Zeitpunkt N.

Alle Zahlen zum Zeitpunkt N zeigen nicht auf den absoluten Nordpunkt. Auch wenn man es bei dem Polygon für P nicht mit bloßem Auge erkennen könnte, weil sich der Pfeil des Polygons nur um $360/P°$ verschoben hat.

Weil P eine sehr große Zahl ist, könnte man diese Verschiebung gar nicht in einem Polygon sichtbar machen. Genauso wenig könnte man die Größe dieses Polygons veranschaulichen, weil es P Ecken und Seiten hat, die aufgrund der Anzahl einen fast perfekt abgerundeten Kreis sichtbar machen.

Um die Drehung großer Zahlen in der weiteren Untersuchung dennoch sichtbar zu machen, drehe ich die Grafiken solcher, um mehr Grad als ihr tatsächlicher Wert ergeben würde. →

Ich veranschauliche es daher wie folgt:

Der Zeitpunkt N zeigt also, dass alle Primzahlen bis P gerade eine neue Rotation begonnen haben. Einen Zeitpunkt zuvor, nämlich zum Zeitpunkt N − 1 hatten nämlich alle Polygone noch auf den absoluten Nordpunkt gezeigt. Das Polygon-Rotationssystem zeigt damit, dass es sich zum Zeitpunkt N, zum Zeitpunkt der Bildung der Zahl N, bei N um eine Zahl handeln muss, die entweder selber prim ist oder ein Produkt aus Primzahlen sein muss, die größer als P sind.

Ich möchte nun zeigen, warum der Beweis von Euklid nicht auch übertragbar auf die Primzahlzwillinge ist.

Der Beweis hat gezeigt, dass es nach der Zahl P weitere Primzahlen gibt, aber er hat nicht gezeigt, an welcher Stelle sich diese befinden. Von N wissen wir nur, dass es sich entweder um eine Primzahl handelt oder dass sie das Produkt aus Primzahlen ist, die größer als P sind. Das Problem des Primzahlzwillings wurzelt in der zweiten möglichen Konsequenz. Wenn es diese nicht geben würde, könnte man, indem man Euklids Formel umstellt, mit der ersten Konsequenz auf kuriose Weise tatsächlich einen Primzahlzwilling orten. Wenn man nämlich schreibt, dass $2 \times 3 \times 5 \times 7 \times 11 \dots \times P = N$ ist. Dann wäre nicht nur $N + 1$ eine Primzahl, sondern auch $N - 1$. Da beide Zahlen einen Abstand von 2 hätten, wären sie ein Primzahlzwilling. Da es aber immer noch die zweite Konsequenz gibt, nämlich, dass $N + 1$ oder $N - 1$ durch Primzahlen größer als P teilbar sind, kann uns diese Formel keinen Beweis für die Unendlichkeit von Primzahlzwillingen geben. Damit $N + 1$ und $N - 1$ tatsächlich Primzahlzwillinge sind, dürfte keine Zahl größer als P und kleiner als N aus dem Bereich 2, zum Zeitpunkt $N + 1$ und $N - 1$ ein Produkt bilden.

Dennoch gibt uns die Formel $N = 2 \times 3 \times 5 \times 7 \times 11 \dots \times P$ eine wichtige Aussage, nämlich, dass alle Primzahlen bis P zum Zeitpunkt $N + 1$ und $N - 1$ nicht auf den absoluten Nordpunkt zeigen. Daher zu diesem Zeitpunkt nicht an der Bildung einer Zahl durch Multiplikation beteiligt sind.

Zum Zeitpunkt $N - 1$ stehen die Pfeile der Polygone bis P einen Schritt davor, den absoluten Nordpunkt zu bilden. Zum Zeitpunkt N sind sie dann alle und N auf den absoluten Nordpunkt gerichtet und zum Zeitpunkt $N + 1$ befinden sich alle Polygone bis P sowie N einen Schritt hinter dem absoluten Nordpunkt. Dies ergibt folgende Grafiken:

ZEITPUNKT N – 1

ZEITPUNKT N

ZEITPUNKT N + 1

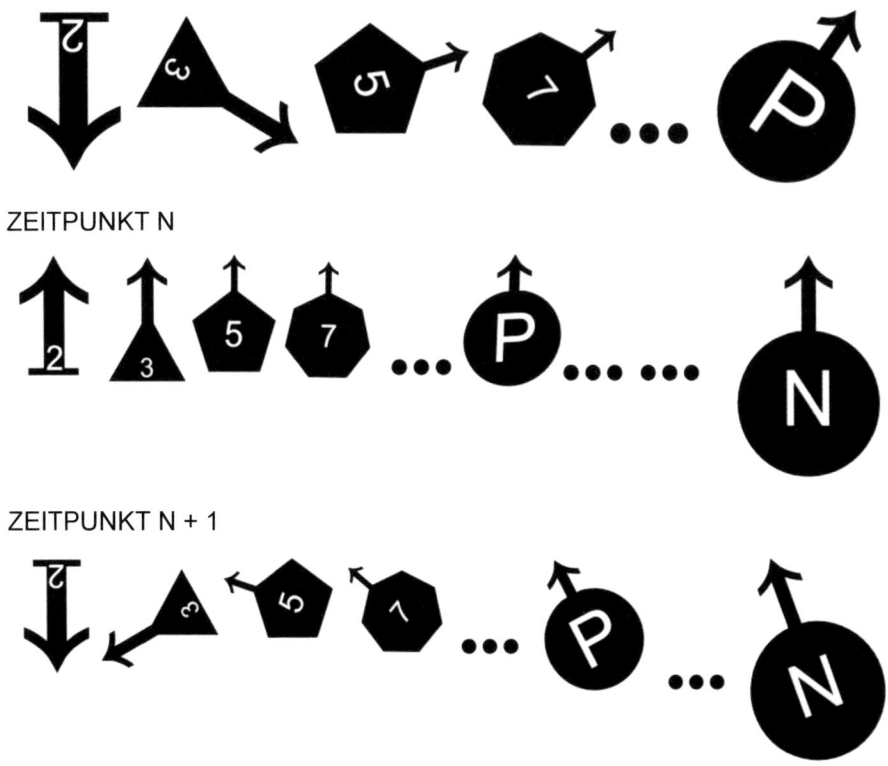

An den Grafiken zeigt sich, dass es zum Zeitpunkt $N - 1$ und $N + 1$ zu keiner Zahlenbildung der schon für N benutzten Multiplikatoren und Multiplikanden kommt, eben weil sich jedes Polygon einen Schritt vor oder nach dem absoluten Nordpunkt befindet. Interessant ist auch, dass alle Multiplikatoren und Multiplikanden von 2 bis P zum Zeitpunkt $N + 1$ genau die gespiegelte Variante von $N - 1$ erscheinen lassen. Anders verhält es sich jedoch für Primzahl-Polygone aus dem zweiten Bereich größer als P und kleiner als N ($X1$, $X2$, $X3$...). Da diese zum Zeitpunkt N nicht auf den absoluten Nordpunkt gerichtet sind, ist für diese Polygone der Zeitpunkt $N +$ 1 auch keine gespiegelte Variante von $N - 1$.

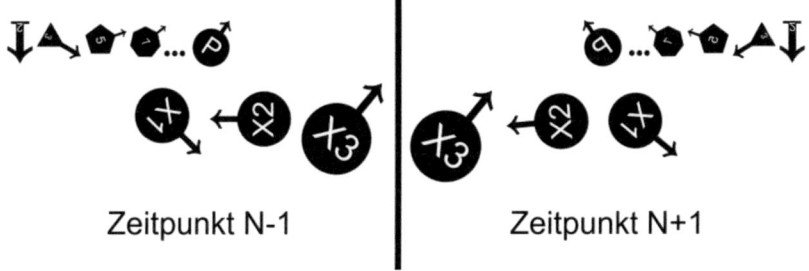

Zeitpunkt N-1   Zeitpunkt N+1

Für diese Polygone geht es von $N - 1$ zu $N + 1$ genau um $2x\ (360°/x)$ Positionen in ihrer Rotation weiter. Da diese Polygone sehr große Zahlen sind, ergibt sich für ihre Rotationsdrehung pro Schritt eine sehr kleine Gradanzahl.

Das Problem, warum wir nicht sagen können, ob an den Stellen $N - 1$ und $N + 1$ ein Primzahlzwilling verborgen ist, wurzelt darin, weil wir nicht wissen ob und wenn ja welche Primzahlen des Bereichs 2 in ihrer Polygon-Rotation zu diesem Zeitpunkt in die Nähe des absoluten Nordpunkts kommen. Wir können nur sagen, dass diese Primzahlen nicht zum Zeitpunkt N auf den absoluten Nordpunkt gerichtet sind, aber nicht ob sie nicht einen Zeitpunkt zuvor $(N - 1)$ und einen danach $(N + 1)$ den absoluten Nordpunkt erreichen und damit die Lücke schließen, die jene Multiplikatoren und Multiplikanden des Bereichs 1 vor und nach ihrer kompletten Rotation erzeugen. Es könnte nämlich sein, dass zum Zeitpunkt $N - 1$ die zwei Primzahlen des Bereichs 2 (XA und XZ) ein Produkt bilden, damit auf den absoluten Nordpunkt zeigen. Zwei Zeitpunkte später zu $N + 1$ könnten dann die beiden Primzahlen des Bereichs 2 (XB und XY) ein Produkt bilden und wieder die Lücke schließen.

45

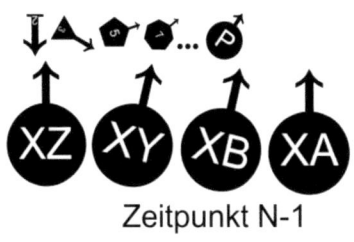

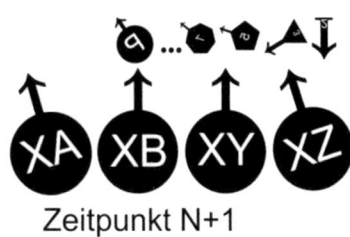

Zeitpunkt N-1   Zeitpunkt N+1

Man könnte natürlich auch eine noch größere Produktzahl M bilden, an dessen Bildung alle Primzahlen bis N beteiligt sind.

M wäre dann gleich $2 \times 3 \times 5 \times 7 \ldots \times P \ldots \times XA \ldots \times XZ$

Die kleinste Primzahl wäre dann 2 und die größte nenne ich XZ. Zum Zeitpunkt M wären alle Primzahlen von 2 bis XZ dann wieder auf den absoluten Nordpunkt gerichtet. Zum Zeitpunkt $M - 1$ befinden sich alle Primzahl-Polygone von 2 bis XZ einen Schritt vor dem absoluten Nordpunkt und zum Zeitpunkt $M + 1$ befinden sich alle Primzahl-Polygone von 2 bis XZ und M einen Schritt hinter dem absoluten Nordpunkt. $M + 1$ wäre hier auch wieder die gespiegelte Variante von $M - 1$ für alle Primzahl-Polygone von 2 bis XZ. Allerdings würde sich das Problem hier wiederholen, da wir nicht wissen, ob Primzahlen des Bereichs größer als N und kleiner als M zu den Zeitpunkten $M - 1$ und $M + 1$ Produkte bilden, die ein Vorkommen von Primzahlen bzw. ein Vorkommen eines Primzahlzwillings verhindern.

Der Beweis, ob es unendlich viele Primzahlzwillinge gibt, muss an anderer Stelle zu finden sein. Daher befasse ich mich jetzt mit der Frage, was ein Beweis erbringen müsste, damit man sagen kann, dass es unendlich viele Primzahlzwillinge gibt.

Ich hatte gesagt, dass es im zweiten Bereich bis N vier Arten von Möglichkeiten für Zahlen geben kann, nach denen man auf die Unendlichkeit von Primzahlen schließen kann. Das heißt aber auch, dass es vier Arten von Zahlen geben kann, die im Bereich 2 erscheinen.

Die erste Art ist eine neue Primzahl, die größer als P ist.

Die zweite Art ist ein Produkt aus Primzahlmultiplikatoren und Multiplikanden der Größe 2 bis P.

Die dritte Art ist ein Produkt aus Multiplikatoren und Multiplikanden, die Primzahlen der Größe größer als P und kleiner als N entsprechen.

Die vierte Art ist ein Mischprodukt aus verschiedenen Primzahlmultiplikatoren und Multiplikanden beider Bereiche.

Nach Euklids Beweis kann man zeigen, dass es Primzahlen irgendwo im Bereich 2 und einschließlich N gibt. Der Beweis impliziert damit aber nicht, dass es unendlich oder endlich viele Primzahlzwillinge gibt. Dies hat zur Folge, dass im Bereich 2 durchaus Primzahlzwillinge vorkommen können.

In der Grafik habe ich dem Bereich 2 jetzt verschiedene Bezeichnungen für Zahlen benutzt. A und B könnten z.B. Produkte aus Primzahlen des Bereichs 1 sein (z.B. 13 x P). P2 und P3 könnten ein Primzahlzwilling sein, weil sie nur einen Abstand von 2 haben. C könnte z.B. das Produkt aus beiden Primzahlen des Zwillings sein oder das Produkt aus 7 x P2 oder 11 x 19 x P^7. P4 könnte wiederum eine neue Primzahl sein, der jedoch keine Primzahl mit einem Abstand von nur 2 vorausgeht oder folgt.

Doch welche Sachverhalte ändern sich, sobald man die Behauptung aufstellt, es gäbe endlich viele Primzahlzwillinge?

Dann würde es hinter dem letzten Primzahlzwilling einen zweiten Bereich an Zahlen geben, in denen kein Primzahlzwilling mehr auftaucht. In diesem Bereich dürften die Zahlen, die hier erscheinen nur noch Produkte aus Primzahlen sein oder selbst Primzahlen, die niemals einen Abstand von 2 zueinander haben. Ich stelle jetzt einmal eine solche Behauptung auf, dass in einem Bereich 1 der letzte Primzahlzwilling $P2$ und $P3$ erscheint. Dann würde ab dem Bereich 2 und alle folgenden, die Verteilung der Primzahlen so angeordnet sein, dass niemals wieder zwei auf einander folgende Primzahlen einen Abstand von nur 2 haben.

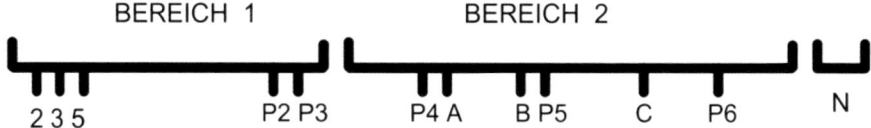

Die Endlichkeitsbehauptung von Primzahlzwillingen wirft einige Fragen auf und stellt zugleich Bedingungen.

Die erste Bedingung ist, wie oben genannt, dass alle neuen Primzahlen niemals wieder einen Abstand von 2 zueinander haben. Daran knüpft sich die zweite Bedingung, dass nämlich in den Bereichen $P4+2$ und $P4-2$ der neuen Primzahl $P4$ immer nur ein Produkt aus Primzahlen erscheinen darf. Daraus folgt meine erste Frage, ob nämlich Primzahlprodukte die Lücken zwischen Primzahlen so dicht füllen können, dass diese neu immer nur vereinzelt erscheinen, aber niemals in einem Abstand von 2. Dies hat zur Folge, dass die neuen Primzahlen immer nur an bestimmten Orten erscheinen können. Und dies heißt, dass sich mit dem letzten Primzahlzwilling im Zahlensystem eine Ordnung herstellt, woraus wiederum die Frage resultiert, ob eine solche Ordnung möglich ist. Ein weiterer Aspekt ist, dass mit der Behauptung es gäbe nur endlich viele Primzahlzwillinge, sich potentiell die Anzahl möglicher Primzahlen verringern könnte, da ja alle wegfallen, die zu einer anderen einen Abstand von nur 2 haben. Wäre dies der Fall, würden diese Primzahlen wiederum als potentielle Multiplikatoren bzw. Multiplikanden zur Bildung bestimmter Produkte fehlen, die vielleicht gerade an anderer Stelle Lücken schließen und das Zustandekommen von weiteren Primzahlen verhindern. Gerade dieser Aspekt ist ein Kuriosum, mit dem ich mich zu einem späteren Zeitpunkt noch näher befassen werde. Doch zunächst möchte ich mich einer anderen Aufgabe zuwenden. Ich habe jetzt Bedingungen genannt und Fragen aufgeworfen, die zur Klärung der Unendlichkeitsfrage beitragen könnten. Sich diesen Fragen zu nähern ist jedoch kaum möglich, wenn man sich noch keinen Blick über die Ordnung bzw. Unordnung im Primzahlensystem verschafft hat. Das nächste Kapitel widmet sich daher der Aufgabe, bestimmte ordentliche Strukturen aus dem System herauszufiltern, um die scheinbare Unordnung zu minimieren.

4. Ordnung und Unordnung im Primzahlensystem

Das vorausgehende Kapitel hatte gezeigt, dass es im Primzahlensystem zu bestimmten Zeitpunkten der Entstehung von Produktzahlen zu gewissen ordentlichen Zuständen kommt. Dies ist immer dann der Fall, wenn verschiedene Primzahlen als Multiplikatoren bzw. Multiplikanden die Bildung eines Produkt begünstigen. Wenn diese Multiplikatoren und Multiplikanden des Produkts N zum Zeitpunkt N auf den absoluten Nordpunkt gerichtet sind, dann kann man auch für diese Multiplikatoren und Multiplikanden eine Aussage über die Symmetrie treffen. Nämlich, dass die beteiligten Polygone an nachfolgenden Zeitpunkten $N + X$ eine gespiegelte Variante zu den Zeitpunkten $N - X$ erzeugen. X muss dabei größer gleich 1 sein und $N - X$ sollte größer als die größte an der Multiplikation beteiligte Primzahl sein. Sollte $N - X$ kleiner sein, als die größte an der Multiplikation beteiligte Primzahl, gilt die Symmetrie nur für die Multiplikatoren und Multiplikanden, die kleiner als $N - X$ sind. Das liegt daran, weil zum Zeitpunkt $N - X$, eine Primzahl P bei $N - X > P$ noch nicht entstanden ist.

Wenn ich z.B. den Zeitpunkt $N = 210$ nehme, dann ist $N = 2 \times 3 \times 5 \times 7$. Dies heißt, dass die Polygone 2, 3, 5 und 7 zum Zeitpunkt 210 bzw. zur Entstehung der Zahl 210 auf den absoluten Nordpunkt gerichtet sind. Bei $X = 1$ sind die Polygone 2, 3, 5, 7 zum Zeitpunkt 211 die horizontal gespiegelte Variante von 209. Bei $X = 180$ spiegelt sich für die Polygone 2, 3, 5 und 7 der Zeitpunkt 30 mit dem Zeitpunkt 390. Bei $x = 203$ spiegeln sich die Zeitpunkte 7 und 413, bei $x = 205$ spiegeln sich die Zeitpunkte 5 und 415. Allerdings erscheint beim Zeitpunkt 5 noch nicht das 7ner Polygon.

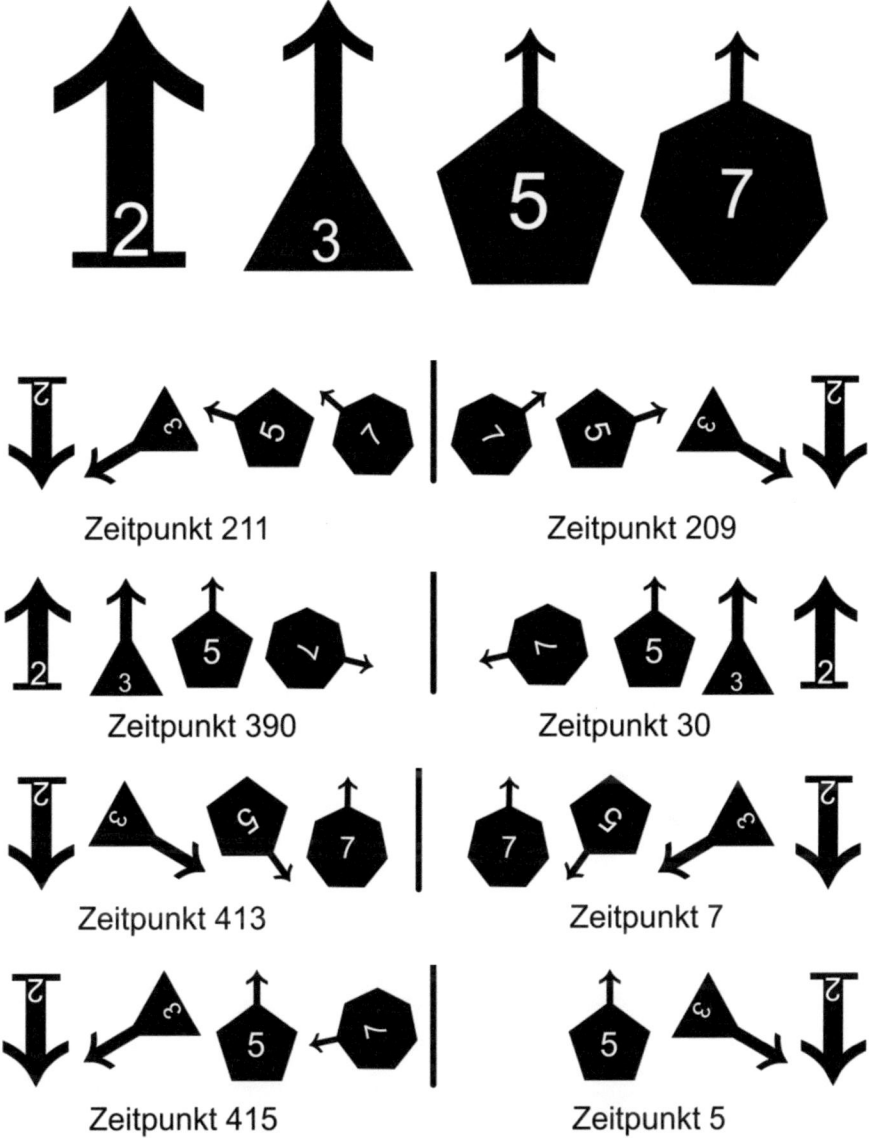

Zeitpunkt 211

Zeitpunkt 209

Zeitpunkt 390

Zeitpunkt 30

Zeitpunkt 413

Zeitpunkt 7

Zeitpunkt 415

Zeitpunkt 5

Es zeigt sich, dass es innerhalb des Polygon-Rotationssystem immer wieder zu ordentlichen Zuständen kommt. Ordentlich insofern, weil es bei bestimmten Abfolgen immer wieder zu Symmetrien kommt. Man muss dabei nur wissen, wo der Ausgangspunkt der Symmetrie zu verorten ist. Dieser findet sich für die gemeinten Multiplikatoren bzw. Multiplikanden beim gemeinsamen Vielfachen. Immer dann, wenn sich bestimmte Multiplikatoren und Multiplikanden am absoluten Nordpunkt treffen, erzeugen sie ein symmetrisches Verhältnis zueinander.

Leider reicht das Wissen über diese ordentlichen Abfolgen nicht aus, denn es gibt zu viele scheinbar unordentlich verlaufende Abfolgen, durch die Bereiche um den Zeitpunkt 210 die ordentlichen Abfolgen der $2, 3, 5$ und 7 kaum erkennbar machen. So ist die Zahl 211 eine Primzahl, die Zahl 209 ist jedoch das Produkt der beiden Primzahlen 11 und 19.

Produkte aus Primzahlen sind diejenigen Zahlen, die dafür verantwortlich sind, dass es an den Stellen, wo sie erscheinen, keine Primzahlen gibt. Andersherum erscheinen im Zahlenteppich überall dort Primzahlen, wo sich keine Produkte aus Primzahlen platzieren. Leider sind diese Orte nicht vorhersagbar, weil die Multiplikatoren bzw. Multiplikanden für ein Primzahlenprodukt in unregelmäßigen Abständen erscheinen.

Doch es gibt auch Regelmäßigkeiten im Zahlenteppich.

Eine Möglichkeit, um zu einer größeren Ordnung im Zahlenteppich zu gelangen, besteht im Herausfiltern von bestimmten Primzahlprodukten, die eine sich wiederholende und voraussagbare Abfolge haben. Doch wie viele solcher geordneter Abfolgen gibt es?

Bei der Ermittlung neuer Primzahlen wird von einem Filterverfahren Gebrauch gemacht, nämlich dem so genannten „Sieb des Eratosthenes". Dabei werden in jedem Schritt die Vielfachen von Zahlen herausgefiltert, um im Zahlenteppich neue Primzahlen zu finden. Das Problem dieser Methode liegt jedoch in ihrer Aufwendigkeit, da jedes Vielfache einer Zahl, das in den zu untersuchenden Bereich fällt, herausgesiebt werden müsste.

4.1 Ordnung durch Filtern

Bei bestimmten Zahlen lässt sich diese Prozedur jedoch vereinfachen. Darunter gehören die Vielfachen der Zahl 2. So sind alle geraden Zahlen größer als 2 zugleich Vielfache der Zahl 2. Da außer 2 alle weiteren geraden Zahlen keine Primzahlen sind, lassen sich diese von vornherein aus dem Zahlenteppich hinausfiltern.

Dies bedeutet, dass man mit Ausnahme der Zahl 2 jene Zahlen aus dem Zahlenteppich herausstreichen kann, deren letzte Ziffer eine 2, 4, 6, 8 oder 0 ist. Wenn man dies macht, bleiben pro Hunderterintervall mit der letzten Ziffernfolge von .00 bis .99 nur noch 50 Zahlen übrig, die Primzahlen sein könnten. Eine Ausnahme ist das erste Intervall von 0 bis 99, da hier die Zahl 2 eine Primzahl ist.

Die zweite Zahl mit einer geordneten Abfolge ist die Zahl 5. Jede Zahl, die als letzte Ziffer eine .0 oder .5 hat ist durch 5 teilbar. Daher lassen sich alle Zahlen, deren letzte Ziffer auf .0 oder .5 endet ebenso herausstreichen. Die Zahlen mit der letzten Ziffer .0 hatten wir schon herausgestrichen. Durch das zusätzliche Wegstreichen jener Zahlen mit der letzten Ziffer .5 verringert sich die Anzahl möglicher Primzahlen in einem Hunderterintervall von .00 bis .99 auf 40. Eine Ausnahme ist das erste Intervall von 0 bis 99, da hier die Zahl 5 eine Primzahl ist.

Es gibt noch eine dritte Zahl mit geordneter Abfolge, durch die sich die Anzahl der Primzahlen voraussagbar verringern lässt. Die Ermittlung jener Anzahl ist jedoch etwas komplizierter. Es handelt sich dabei um die Zahl 3. Eine Zahl ist durch 3 teilbar, wenn ihre Quersumme, also die Summe ihrer Ziffern durch 3 teilbar ist. Die Ermittlung der Summe kann man dabei solange fortführen, bis man eine Zahl mit nur einer Ziffer erhält, z.B. 723 →

7+2+3= 12 → 1+2= 3 (Quersumme 3).

Die Quersummenfolge im Zahlenteppich verhält sich nach einem System mit der Zahlenfolge 1, 2, 3, 4, 5, 6, 7, 8, 9. Somit folgt auf zwei Zahlen, die nicht als Quersumme 3, 6 oder 9 haben, immer eine Zahl, die als Quersumme eine 3, 6 oder 9 hat.

Ist eine Zahl, die nicht als Quersumme 3, 6 oder 9 hat, zudem eine ungerade Zahl und nicht durch 5 teilbar, erhöht sich die Wahrscheinlichkeit, dass diese Zahl eine Primzahl sein könnte.

In einem Hunderterintervall, das als letzte Ziffern mit .00 beginnt und als die zwei letzten Ziffern immer eine 99 hat, schiebt sich das Quersummensystem auf ein System mit einer Zahlenfolge, deren erste Zahl als letzte Ziffer eine 1 hat, die zweite Zahl eine 2, die dritte eine 3, die vierte eine 4, die fünfte eine 5, die sechste eine 6, die siebte eine 7, die achte eine 8, die neunte eine 9 und die zehnte eine 0. Demzufolge hat die zehnte Zahl immer dieselbe Quersumme wie die erste Zahl, die elfte Zahl wie die zweite Zahl u.s.f. (Ausnahme im ersten Intervall von 0 bis 99, da hier die erste Zahl als Quersumme eine 0 hat)

Für beginnende Hunderterintervalle (ab 100) gibt es somit auch nur 9 verschiedene mögliche Quersummen, mit denen sie beginnen können. Die 100 beginnt so mit der Quersumme 1, die 200 mit der Quersumme 2 u.s.f Bei Beginn eines Tausenderintervall verschiebt sich die Rangfolge, hier beginnt die 1000 mit einer Quersumme von 1, dafür hat dann die 1100 als Quersumme die 2 u.s.f.

Entscheidend beim Herausfiltern von weiteren Zahlen in einem Hunderterintervall, deren erste Zahl als letzte Ziffern .00 hat und deren letzte Zahl als letzte beiden Ziffern eine 99 hat, ist die Quersumme der ersten Zahl. Die Quersumme der ersten Zahl des Intervalls entscheidet also darüber, wie viele weitere Zahlen man bei der Suche nach neuen Primzahlen ausschließen kann.

Um herauszufinden, auf wie viele Zahlen man es aus den übrig gebliebenen 40 reduzieren kann, werden die 9 möglichen Quersummenfolgen in Hunderterintervallen (Ausnahme: das erste Intervall von 0 bis 99) in den folgenden vier Tabellen untersucht. Dabei werden alle Zahlen, die durch 2, 3 und 5 teilbar sind herausgefiltert. Alle übrigen Zahlen- und Ziffernfolgen, die nicht durch 2, 3 und 5 teilbar sind, kennzeichne ich im Schnittpunkt mit einem X. Dies heißt, dass diese Zahlen entweder Primzahlen sind oder Zahlen, die durch andere Primzahlen größer als 5 teilbar sind.

QA steht hierbei für einen Hunderterintervall, das mit der Quersumme 1 beginnt, QB für ein Hunderterintervall, beginnend mit der Quersumme 2 u.s.f. bis zu QI, beginnend mit der Quersumme 9.

Die Tabellen finden mit Ausnahme des ersten Hunderterintervalls von 0 bis 99 auf alle weiteren Hunderterintervalle, die als letzte beiden Ziffern mit einer 00 beginnen, ihre Anwendung.

LETZTE ZIFFER	Q A		Q B		Q C		Q D		Q E		Q F		Q G		Q H		Q I		Anzahl
.00	1	-	2	-	3	-	4	-	5	-	6	-	7	-	8	-	9	-	
.01	2	X	3	-	4	X	5	X	6	-	7	X	8	X	9	-	1	X	6
.02	3	-	4	-	5	-	6	-	7	-	8	-	9	-	1	-	2	-	
.03	4	X	5	X	6	-	7	X	8	X	9	-	1	X	2	X	3	-	6
.04	5	-	6	-	7	-	8	-	9	-	1	-	2	-	3	-	4	-	
.05	6	-	7	-	8	-	9	-	1	-	2	-	3	-	4	-	5	-	
.06	7	-	8	-	9	-	1	-	2	-	3	-	4	-	5	-	6	-	
.07	8	X	9	-	1	X	2	X	3	-	4	X	5	X	6	-	7	X	6
.08	9	-	1	-	2	-	3	-	4	-	5	-	6	-	7	-	8	-	
.09	1	X	2	X	3	-	4	X	5	X	6	-	7	X	8	X	9	-	6
.10	2	-	3	-	4	-	5	-	6	-	7	-	8	-	9	-	1	-	
.11	3	-	4	X	5	X	6	-	7	X	8	X	9	-	1	X	2	X	6
.12	4	-	5	-	6	-	7	-	8	-	9	-	1	-	2	-	3	-	
.13	5	X	6	-	7	X	8	X	9	-	1	X	2	X	3	-	4	X	6
.14	6	-	7	-	8	-	9	-	1	-	2	-	3	-	4	-	5	-	
.15	7	-	8	-	9	-	1	-	2	-	3	-	4	-	5	-	6	-	
.16	8	-	9	-	1	-	2	-	3	-	4	-	5	-	6	-	7	-	
.17	9	-	1	X	2	X	3	-	4	X	5	X	6	-	7	X	8	X	6
.18	1	-	2	-	3	-	4	-	5	-	6	-	7	-	8	-	9	-	
.19	2	X	3	-	4	X	5	X	6	-	7	X	8	X	9	-	1	X	6
.20	3	-	4	-	5	-	6	-	7	-	8	-	9	-	1	-	2	-	
.21	4	X	5	X	6	-	7	X	8	X	9	-	1	X	2	X	3	-	6
.22	5	-	6	-	7	-	8	-	9	-	1	-	2	-	3	-	4	-	
.23	6	-	7	X	8	X	9	-	1	X	2	X	3	-	4	X	5	X	6
.24	7	-	8	-	9	-	1	-	2	-	3	-	4	-	5	-	6	-	
.25	8	-	9	-	1	-	2	-	3	-	4	-	5	-	6	-	7	-	
Anzahl		7		6		7		7		6		7		7		6		7	60

LETZTE ZIFFER	Q A		Q B		Q C		Q D		Q E		Q F		Q G		Q H		Q I		Anzahl
.26	9	-	1	-	2	-	3	-	4	-	5	-	6	-	7	-	8	-		
.27	1	X	2	X	3	-	4	X	5	X	6	-	7	X	8	X	9	-		6
.28	2	-	3	-	4	-	5	-	6	-	7	-	8	-	9	-	1	-		
.29	3	-	4	X	5	X	6	-	7	X	8	X	9	-	1	X	2	X		6
.30	4	-	5	-	6	-	7	-	8	-	9	-	1	-	2	-	3	-		
.31	5	X	6	-	7	X	8	X	9	-	1	X	2	X	3	-	4	X		6
.32	6	-	7	-	8	-	9	-	1	-	2	-	3	-	4	-	5	-		
.33	7	X	8	X	9	-	1	X	2	X	3	-	4	X	5	X	6	-		6
.34	8	-	9	-	1	-	2	-	3	-	4	-	5	-	6	-	7	-		
.35	9	-	1	-	2	-	3	-	4	-	5	-	6	-	7	-	8	-		
.36	1	-	2	-	3	-	4	-	5	-	6	-	7	-	8	-	9	-		
.37	2	X	3	-	4	X	5	X	6	-	7	X	8	X	9	-	1	X		6
.38	3	-	4	-	5	-	6	-	7	-	8	-	9	-	1	-	2	-		
.39	4	X	5	X	6	-	7	X	8	X	9	-	1	X	2	X	3	-		6
.40	5	-	6	-	7	-	8	-	9	-	1	-	2	-	3	-	4	-		
.41	6	-	7	X	8	X	9	-	1	X	2	X	3	-	4	X	5	X		6
.42	7	-	8	-	9	-	1	-	2	-	3	-	4	-	5	-	6	-		
.43	8	X	9	-	1	X	2	X	3	-	4	X	5	X	6	-	7	X		6
.44	9	-	1	-	2	-	3	-	4	-	5	-	6	-	7	-	8	-		
.45	1	-	2	-	3	-	4	-	5	-	6	-	7	-	8	-	9	-		
.46	2	-	3	-	4	-	5	-	6	-	7	-	8	-	9	-	1	-		
.47	3	-	4	X	5	X	6	-	7	X	8	X	9	-	1	X	2	X		6
.48	4	-	5	-	6	-	7	-	8	-	9	-	1	-	2	-	3	-		
.49	5	X	6	-	7	X	8	X	9	-	1	X	2	X	3	-	4	X		6
.50	6	-	7	-	8	-	9	-	1	-	2	-	3	-	4	-	5	-		
.51	7	X	8	X	9	-	1	X	2	X	3	-	4	X	5	X	6	-		6
Anzahl		8		7		7		8		7		7		8		7		7	66

LETZTE ZIFFER	Q A		Q B		Q C		Q D		Q E		Q F		Q G		Q H		Q I		Anzahl
.52	8	-	9	-	1	-	2	-	3	-	4	-	5	-	6	-	7	-	
.53	9	-	1	X	2	X	3	-	4	X	5	X	6	-	7	X	8	X	6
.54	1	-	2	-	3	-	4	-	5	-	6	-	7	-	8	-	9	-	
.55	2	-	3	-	4	-	5	-	6	-	7	-	8	-	9	-	1	-	
.56	3	-	4	-	5	-	6	-	7	-	8	-	9	-	1	-	2	-	
.57	4	X	5	X	6	-	7	X	8	X	9	-	1	X	2	X	3	-	6
.58	5	-	6	-	7	-	8	-	9	-	1	-	2	-	3	-	4	-	
.59	6	-	7	X	8	X	9	-	1	X	2	X	3	-	4	X	5	X	6
.60	7	-	8	-	9	-	1	-	2	-	3	-	4	-	5	-	6	-	
.61	8	X	9	-	1	X	2	X	3	-	4	X	5	X	6	-	7	X	6
.62	9	-	1	-	2	-	3	-	4	-	5	-	6	-	7	-	8	-	
.63	1	X	2	X	3	-	4	X	5	X	6	-	7	X	8	X	9	-	6
.64	2	-	3	-	4	-	5	-	6	-	7	-	8	-	9	-	1	-	
.65	3	-	4	-	5	-	6	-	7	-	8	-	9	-	1	-	2	-	
.66	4	-	5	-	6	-	7	-	8	-	9	-	1	-	2	-	3	-	
.67	5	X	6	-	7	X	8	X	9	-	1	X	2	X	3	-	4	X	6
.68	6	-	7	-	8	-	9	-	1	-	2	-	3	-	4	-	5	-	
.69	7	X	8	X	9	-	1	X	2	X	3	-	4	X	5	X	6	-	6
.70	8	-	9	-	1	-	2	-	3	-	4	-	5	-	6	-	7	-	
.71	9	-	1	X	2	X	3	-	4	X	5	X	6	-	7	X	8	X	6
.72	1	-	2	-	3	-	4	-	5	-	6	-	7	-	8	-	9	-	
.73	2	X	3	-	4	X	5	X	6	-	7	X	8	X	9	-	1	X	6
.74	3	-	4	-	5	-	6	-	7	-	8	-	9	-	1	-	2	-	
.75	4	-	5	-	6	-	7	-	8	-	9	-	1	-	2	-	3	-	
.76	5	-	6	-	7	-	8	-	9	-	1	-	2	-	3	-	4	-	
.77	6	-	7	X	8	X	9	-	1	X	2	X	3	-	4	X	5	X	6
Anzahl		6		7		7		6		7		7		6		7		7	60

LETZTE ZIFFER	Q A		Q B		Q C		Q D		Q E		Q F		Q G		Q H		Q I		Anzahl
.78	7	-	8	-	9	-	1	-	2	-	3	-	4	-	5	-	6	-	
.79	8	X	9	-	1	X	2	X	3	-	4	X	5	X	6	-	7	X	6
.80	9	-	1	-	2	-	3	-	4	-	5	-	6	-	7	-	8	-	
.81	1	X	2	X	3	-	4	X	5	X	6	-	7	X	8	X	9	-	6
.82	2	-	3	-	4	-	5	-	6	-	7	-	8	-	9	-	1	-	
.83	3	-	4	X	5	X	6	-	7	X	8	X	9	-	1	X	2	X	6
.84	4	-	5	-	6	-	7	-	8	-	9	-	1	-	2	-	3	-	
.85	5	-	6	-	7	-	8	-	9	-	1	-	2	-	3	-	4	-	
.86	6	-	7	-	8	-	9	-	1	-	2	-	3	-	4	-	5	-	
.87	7	X	8	X	9	-	1	X	2	X	3	-	4	X	5	X	6	-	6
.88	8	-	9	-	1	-	2	-	3	-	4	-	5	-	6	-	7	-	
.89	9	-	1	X	2	X	3	-	4	X	5	X	6	-	7	X	8	X	6
.90	1	-	2	-	3	-	4	-	5	-	6	-	7	-	8	-	9	-	
.91	2	X	3	-	4	X	5	X	6	-	7	X	8	X	9	-	1	X	6
.92	3	-	4	-	5	-	6	-	7	-	8	-	9	-	1	-	2	-	
.93	4	X	5	X	6	-	7	X	8	X	9	-	1	X	2	X	3	-	6
.94	5	-	6	-	7	-	8	-	9	-	1	-	2	-	3	-	4	-	
.95	6	-	7	-	8	-	9	-	1	-	2	-	3	-	4	-	5	-	
.96	7	-	8	-	9	-	1	-	2	-	3	-	4	-	5	-	6	-	
.97	8	X	9	-	1	X	2	X	3	-	4	X	5	X	6	-	7	X	6
.98	9	-	1	-	2	-	3	-	4	-	5	-	6	-	7	-	8	-	
.99	1	X	2	X	3	-	4	X	5	X	6	-	7	X	8	X	9	-	6
Anzahl		7		6		5		7		6		5		7		6		5	54

Ziffern-folge										Anzahl
.00-.25	7	6	7	7	6	7	7	6	7	60
.26-.51	8	7	7	8	7	7	8	7	7	66
.52-.77	6	7	7	6	7	7	6	7	7	60
.78-.99	7	6	5	7	6	5	7	6	5	54
Gesamt	28	26	26	28	26	26	28	26	26	240

Wie die Tabellen zeigen, hat sich die Anzahl möglicher Primzahlen durch das Herausfiltern der Vielfachen von 3, von 40 auf maximal 26 bis 28 pro Hunderterintervall reduziert. Die Anzahl der Möglichkeiten ist dabei davon abhängig, mit welcher Quersumme das jeweilige Hunderterintervall beginnt.

Die Wahrscheinlichkeit von verborgenen Primzahlen scheint also in einem Hunderterintervall, deren erste Zahl eine Quersumme von 1, 4 oder 7 hat, größer zu sein.

In einem Hunderterintervall gibt es eine Kategorie von Zahlen für die mindestens eins der drei Kriterien *„gerade"*, *„durch 5 teilbar"* oder „Quersumme 3, 6, 9" zutrifft. Diese lassen sie als nicht-prime Zahl enttarnen.

Die zweite Kategorie umfasst alle ungeraden Zahlen, die weder durch 3 noch durch 5 teilbar sind. Diese Zahlen nenne ich die MP-Zahlen. Unter ihnen befinden sich Primzahlen sowie jene Produkte aus Primzahlen, deren Multiplikatoren und Multiplikanden größer oder gleich 7 sind.

Wie viele es von diesen MP-Zahlen in einem Bereich gibt, lässt sich ermitteln.

4.2 Anzahl von MP-Zahlen

Die Tabellen haben gezeigt, dass die Quersumme der ersten Zahl eines Intervalls für die Anzahl von MP-Zahlen entscheidend ist. In einem Hunderterintervall gab es so minimal 26 MP-Zahlen und maximal 28. Dies hat für alle Hunderterintervalle Gültigkeit, deren Ziffernanzahl mindestens größer oder gleich 3 beträgt.

Nur das erste Intervall im Zahlenteppich von 0 bis 99 verhält sich ein wenig anders. In ihm gibt es 25 Primzahlen, nämlich

2, 3, 5, 7, 11, 13, 17, 19, 23, 29, 31, 37, 41, 43, 47, 53, 59, 61, 67, 71, 73, 79, 83, 89 und **97**

sowie drei Zahlen, die Produkte aus Primzahlmultiplikatoren bzw. Multiplikanden der Mindestgröße 7 sind. Dazu gehört die 49 (7x7), die 77 (7x11) und die 91 (7x13). Wenn ich von den 25 Primzahlen und den 3 genannten Primzahlprodukten die drei herausgefilterten Primzahlen 2, 3 und 5 wieder abziehe, erhalte ich 25 Zahlen, die ich als besondere MP Zahlen des ersten Bereichs bezeichnen möchte.

Im nächsten Intervall von 100 bis 199 haben wir 28 MP-Zahlen, weil die Zahlenfolge mit einer Quersumme = 1 beginnt. So sind nach der eingangs behandelten Regelmäßigkeit in den nächsten beiden Hunderterbereichen jeweils 26 MP-Zahlen enthalten. Von 100 bis 999 ergibt sich so die Summe

28 + 26 + 26 + 28 + 26 + 26 + 28 + 26 + 26 = 240

In dem Bereich von 100 bis 999 sind also 240 neue MP-Zahlen dazugekommen, so dass sich durch Addition mit der Anzahl der besonderen

61

Zahlen des ersten Bereichs, nämlich 25, für die ersten 999 Zahlen eine Häufigkeit von 265 MP – Zahlen ergibt.

Als nächstes möchte ich die Anzahl der MP-Zahlen des vierstelligen Intervalls von 1000 bis 9999 ermitteln. Im ersten Hunderterintervall von 1000 bis 1099 kommen wieder 28 MP Zahlen vor, da eben auch hier die Zahlenfolge mit der Quersumme 1 beginnt. Dies bedeutet, dass in dem Intervall von 1000 bis 1899 insgesamt 240 neue MP-Zahlen auftauchen. Von 1900 bis 2799 sind es wieder 240. Da es zwischen 1000 und 9999 zehn solcher Bereiche gibt, ergibt sich das Produkt $10 \times 240 = 2400$. In dem Bereich zwischen 1000 und 9999 kommen also 2400 neue MP-Zahlen dazu. Durch Addition mit den MP-Zahlen des Bereichs zwischen 0 bis 999 erhalten wir so für den Bereich 0 bis 9999 die Anzahl 2665 MP-Zahlen.

Mit dergleichen Vorgehensweise lassen sich auch alle weiteren MP Zahlen für die nächsten Bereiche ermitteln.

Vereinfacht kann man schreiben, dass pro Bereich mit dem Intervall von 10^n bis $10^{n+1} - 1$ für $n > 1$ insgesamt $24 \times 10^{n-1}$ neue MP-Zahlen dazukommen.

Die folgende Tabelle zeigt die Anzahl der MP-Zahlen, die pro neuen Bereich dazukommen.

Bereich	Anzahl MP-Zahlen
0 bis 99	25 besondere MP Zahlen
100 bis 999	240
1.000 bis 9.999	2.400
10.000 bis 99.999	24.000
100.000 bis 999.999	240.000
1.000.000 bis 9.999.999	2.400.000
10.000.000 bis 99.000.000	24.000.000

Die folgenden beiden Kreisdiagramme zeigen die anteilmäßige Verteilung der MP-Zahlen pro neuem Bereich.

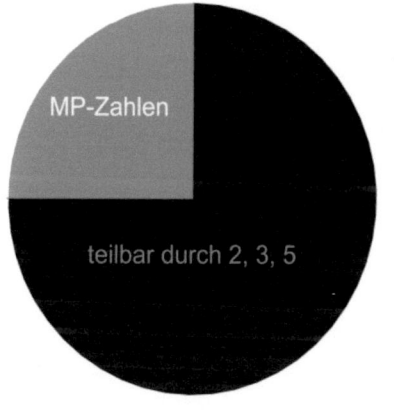 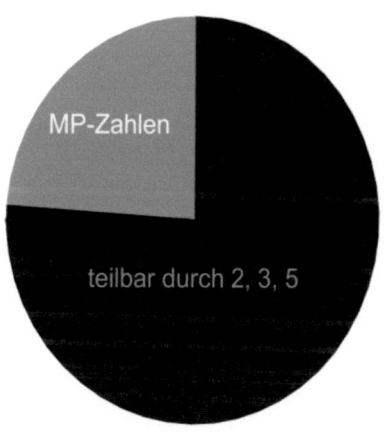

Bereich 0 bis 99	Bereich 100 bis 999
	Bereich 1.000 bis 9.999
	Bereich 10.000 bis 99.999

Es zeigt sich, dass sich graphisch zwischen MP-Zahlen und den Zahlen, die teilbar durch 2, 3 und 5 sind, ab dem Bereich 100 bis 999 und allen folgenden Bereiche ein fast gleich bleibend anteilmäßiges Verhältnis einstellt. Der Anteil der MP-Zahlen liegt dabei immer unterhalb der 25 % und oberhalb der 24 %, wobei die durch 2, 3 und 5 teilbaren Zahlen immer einen Anteil oberhalb von 75 % und unterhalb von 76 % ausmachen.

Mit Einbeziehung der vorherigen Bereiche und Ermittlung der Gesamtanzahl der MP-Zahlen, die in einem Bereich möglich sind, erhöht sich ihr anteilmäßiges Verhältnis ab dem Bereich von 0 bis 999 auf unterhalb von 27 % und oberhalb von 26 %. Die folgende Tabelle zeigt so die Gesamtanzahl pro Bereich, die sich durch Addition der neuen MP-Zahlen eines Bereichs mit den vorherigen ergibt.

Bereich	Gesamtanzahl MP-Zahlen
0 bis 99	25
0 bis 999	265 (25+240)
0 bis 9.999	2.665 (265+2.400)
0 bis 99.999	26.665 (2.665+24.000)
0 bis 999.999	266.665 (26.665+240.000)
0 bis 9.999.999	2.666.665 (266.665+2.400.000)
0 bis 99.999.999	26.666.665 (2.666.665+24.000.000)

Durch die Kombination vorausgehender und neu dazu kommender MP – Zahlen ergibt sich eine Anzahl, deren erste Ziffer eine 2 und deren letzte Ziffer immer eine 5 ist. Die mittleren Ziffern der Anzahl erweitert sich pro höheren Bereich immer mit der Zahl 6. Auch die Gesamtanzahl der MP-Zahlen eines Bereichs verhält sich

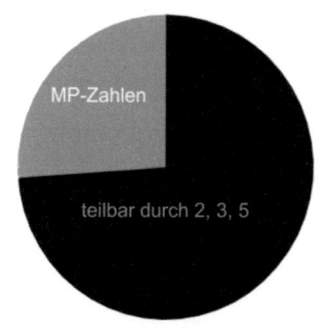

anteilmäßig fast gleich zu jenen Zahlen, die durch 2, 3 und 5 teilbar sind, deren Anteil oberhalb von 73 % und unterhalb von 74 % liegt. Jene machen fast drei Viertel aller Zahlen aus. Dies heißt aber auch, dass sie an der Entstehung von etwas mehr als einem Viertel an Zahlen, den MP-Zahlen, nicht beteiligt sind.

Die MP-Zahlen unterscheide ich nach zwei Kategorien. Zum einen gibt es unter den MP-Zahlen Primzahlen und zum anderen Zahlen, die durch andere Zahlen teilbar sind, obwohl sie nicht gerade und nicht durch 3 oder 5 teilbar sind. Diese Zahlen sind Produkte aus zwei oder mehreren Primzahlen, dessen Größe größer oder gleich der Zahl 7 ist. Diese Zahlen nenne ich Verszahlen und unterscheide sie nach der Anzahl ihrer Faktoren.

4.3 Verszahlen

Die Produkte zweier Primzahlen ab 7 nenne ich <u>Zweiverszahlen</u>, die Produkte dreier Primzahlen ab 7 <u>Dreiverszahlen</u> u.s.f.

Weil es bisher keine vereinfachte Methode gibt diese aus dem Zahlenteppich herauszufiltern, möchte ich sie mir im folgenden näher anschauen.

Die erste Zweiverszahl ist die Zahl 49. Sie ist ein Produkt aus 7 x 7. Andere Primzahlprodukte hatte ich schon im vorherigen Verfahren ausgeschlossen, da sie durch 2, 3 und/oder 5 teilbar waren. Demnach ist die 49 die erste Zweiverszahl, die nur durch sich selbst, durch 1 oder durch 7 teilbar ist.

Die zweite Zweiverszahl ist die 77, die ein Produkt aus 7 und 11 ist. Auch sie ist nur durch 7, 11 sowie sich selbst und 1 teilbar.

Die folgende Tabelle zeigt alle Zweiverszahlen des Intervalls 1-350:

Primzahlmultiplikatoren und Multiplikanden	Zweiverszahlen
7 x 7	49
7 x 11	77
7 x 13	91
7 x 17	119
11 x 11	121
7 x 19	133
11 x 13	143
7 x 23	161
13 x 13	169
11 x 17	187
7 x 29	203

7 x 31	217
13 x 17	221
13 x 19	247
11 x 23	253
7 x 37	259
7 x 41	287
17 x 17	289
13 x 23	299
7 x 43	301
11 x 29	319
17 x 19	323
7 x 47	329
11 x 31	341
7 x 7 x 7	343

Ich stelle jetzt fest, dass nach der Zweiverszahl 341 und noch vor 350 die erste Dreiverszahl auftaucht, die ein Produkt aus drei Primzahlen ist, die größer/gleich 7 sind. Im folgenden werde ich alle weiteren Zweiverszahlen und Dreiverszahlen bis 901 auflisten:

19 x19	361		19 x 29	551		11 x 67	737
7 x 53	371		7 x 79	553		7 x 107	749
13 x 29	377		13 x 43	559		7 x 109	763
17 x 23	391		7 x 83	581		13 x 59	767
13 x 31	403		11 x 53	583		19 x 41	779
11 x 37	407		19 x 31	589		11 x 71	781
7 x 59	413		13 x 47	611		7 x 113	791
7 x 61	427		7 x 89	623		13 x 61	793
19 x 23	437		17 x 37	629		17 x 47	799
11 x 41	451		7 x 7 x 13	637		11 x 73	803
7 x 67	469		11 x 59	649		19 x 43	817
11 x 43	473		23 x 29	667		7 x 7 x 17	833
13 x 37	481		11 x 61	671		29 x 29	841
17 x 29	493		7 x 97	679		7 x 11 x 11	847
7 x 71	497		13 x 53	689		23 x 37	851
7 x 73	511		17 x 41	697		11 x 79	869
11 x 47	517		19 x 37	703		13 x 67	871
17 x 31	527		7 x 101	707		7 x 127	889
23 x 23	529		23 x 31	713		19 x 47	883
13 x 41	533		7 x 103	721		29 x 31	899
7 x 7 x 11	539		17 x 43	731		17 x 53	901

Es zeigt sich, dass zwischen den Zahlen 1 bis 901 verschiedene Kombinationen von Multiplikationen aus Primzahlen größer/gleich 7 auftauchen, deren Produkt eine Zweiverszahl bzw. Dreiverszahl ist. Die Rangfolge der Primzahlen, die erster Multiplikator sind, erscheint zunächst unordentlich.

In dem ausgesuchten Zahlenbereich tauchen als Multiplikator die Zahlen 7, 11, 13, 17, 19, 23 und 29 auf. Als Multiplikanden tauchen dagegen alle Primzahlen zwischen 7 und 157 auf. Für die Bildung von Dreiverszahlen kommen bis 901 jedoch nur Multiplikanden der Primzahlen zwischen 7 und 17 zum Zug.

Wenn ich die Primzahlmultiplikatoren und Multiplikanden durch Buchstaben ersetzte (7=A, 11=B, 13=C, 17=D u.s.f.), lässt sich die scheinbar unordentliche Rangfolge noch besser veranschaulichen.

7 x 7 = 49	A x A	13 x 19 = 247	C x E
7 x 11 = 77	A x B	11 x 23 = 253	B x F
7 x 13 = 91	A x C	7 x 37 = 259	A x I
7 x 17 = 119	A x D	7 x 41 = 287	A x J
11 x 11 = 121	B x B	17 x 17 = 289	D x D
7 x 19 = 133	A x E	13 x 23 = 299	C x F
11 x 13 = 143	B x C	7 x 43 = 301	A x K
7 x 23 = 161	A x F	11 x 29 = 319	B x G
13 x 13 = 169	C x C	17 x 19 = 323	D x E
11 x 17 = 187	B x D	7 x 47 = 329	A x L
7 x 29 = 203	A x G	11 x 31 = 341	B x H
11 x 19 = 209	B x E	7 x 7 x 7 = 343	A x A x A
7 x 31 = 217	A x H	19 x 19 = 361	E x E
13 x 17 = 221	C x D	7 x 53 = 371	A x M

13 x 29 = 377	C x G	11 x 53 = 583	B x M
17 x 23 = 391	D x F	19 x 31 = 589	E x H
13 x 31 = 403	C x H	13 x 47 = 611	C x L
11 x 37 = 407	B x I	7 x 89 = 623	A x U
7 x 59 = 413	A x N	17 x 37 = 629	D x I
7 x 61 = 427	A x O	7 x 7 x 13 = 637	A x A x C
19 x 23 = 437	E x F	11 x 59 = 649	B x N
11 x 41 = 451	B x J	23 x 29 = 667	F x G
7 x 67 = 469	A x P	11 x 61 = 671	B x O
11 x 43 = 473	B x K	7 x 97 = 679	A x V
13 x 37 = 481	C x I	13 x 53 = 689	C x M
17 x 29 = 493	D x G	17 x 41 = 697	D x J
7 x 71 = 497	A x Q	19 x 37 = 703	E x I
7 x 73 = 511	A x R	7 x 101 = 707	A x W
11 x 47 = 517	B x L	23 x 31 = 713	F x H
17 x 31 = 527	D x H	7 x 103 = 721	A x X
23 x 23 = 529	F x F	17 x 43 = 731	D x K
13 x 41 = 533	C x J	11 x 67 = 737	B x P
7 x 7 x 11 = 539	A x A x B	7 x 107 = 749	A x Y
19 x 29 = 551	E x G	7 x 109 = 763	A x Z
7 x 79 = 553	A x S	13 x 59 = 767	C x N
13 x 43 = 559	C x K	19 x 41 = 779	E x J
7 x 83 = 581	A x T	11 x 71 = 781	B x Q

Die Abfolge, welche Multiplikatoren und Multiplikanden zu welchem Zeitpunkt an der Bildung einer neuen Verszahl beteiligt sind, scheint unordentlich und nicht voraussagbar. Meine Frage ist daher, woran dies liegt. Wenn ich z.B. die Zahlenabfolge der Primzahlprodukte aus Primzahlen größer/gleich 7 des Bereichs zwischen 451 und 511 näher betrachte, erscheint der Rang ungeordnet. Die Multiplikatorenabfolge ist hier 11, 7, 11, 13, 17, 7 und 7 und die Multiplikandenabfolge 41, 67, 43, 37, 29, 71 und 73. Mal sind größere Multiplikatoren und Multiplikanden an der Bildung der Zahl beteiligt, dann wieder kleinere. Verursacher dieser scheinbar unordentlichen Abfolge ist die Darstellung der Zahlenbildung. Denn wenn ich die Zahlenbildung im Polygon-Rotationssystem darstellen würde, würden alle Polygone zu sich selbst betrachtet in einer ordentlichen Abfolge sichtbar. Von einem Zeitpunkt zum nächsten bzw. von der Bildung einer Zahl zur nächsten, dreht sich jedes Polygon der Größe x um $360°/x$. Da jedes Polygon einen anderen Startzeitpunkt zur ersten Rotation hatte, befinden sich die Polygone auch zumeist an verschiedenen Stellen ihrer Rotation. Manchmal treffen sie sich und zwar genau dann, wenn sie als Multiplikatoren und Multiplikanden ein gemeinsames Produkt bilden. Dann zeigen ihre Pfeile in Richtung des absoluten Nordpunkts. Zum Zeitpunkt 451 bzw. zur Bildung der Zahl 451, treffen sich die Polygone 11 und 41 und bilden ihr gemeinsames Produkt. Alle anderen Primzahl-Polygone befinden sich zu diesem Zeitpunkt in der Rotation und können erst wieder ein Produkt bilden, wenn ihr Pfeil auf den absoluten Nordpunkt gerichtet ist. Dies ist jedoch noch keine Erklärung dafür, warum die Multiplikatoren und Multiplikandenabfolge zwischen 451 und 511 so unordentlich erscheint. Das Polygon der Größe 7 hat von allen Multiplikatoren und Multiplikanden, die höchste Rotationsgeschwindigkeit. Vom Zeitpunkt 451 auf den Zeitpunkt 452 dreht sich dieses Polygon um 51,42…°. Das Polygon der Größe 73 dreht sich jedoch nur um 4,93…°. Dies bedeutet, dass die Zahl 7 an der Bildung jeder siebten Zahl beteiligt ist, die Zahl 73 jedoch nur an der Bildung jeder dreiundsiebzigsten Zahl. Je nachdem, an welcher Stelle sich das jeweilige Polygon befindet, braucht es noch eine bestimmte Anzahl an Zeitpunkten, um wieder an der Bildung einer Zahl beteiligt zu sein. Zum Zeitpunkt 451 sind für das Polygon 7 drei Zeitpunkte vergangen, seit es das letzte Mal an der Bildung einer Zahl (448) beteiligt war. Es dauert somit noch für dieses Polygon vier Zeitpunkte, um die nächste Zahl (455) als Produkt bilden zu können. Beim Polygon 73 sind dreizehn Zeitpunkte vergangen, seit es an der Bildung der letzten Zahl (438) beteiligt war. Für dieses Polygon dauert es somit noch sechzig Zeitpunkte, um an der Bildung der nächsten Zahl (511) beteiligt sein zu können. Die folgenden beiden Grafiken zeigen die jeweiligen Standpunkte verschiedener Primzahlpolygone zum Zeitpunkt 451 und 452.

ZEITPUNKT 451

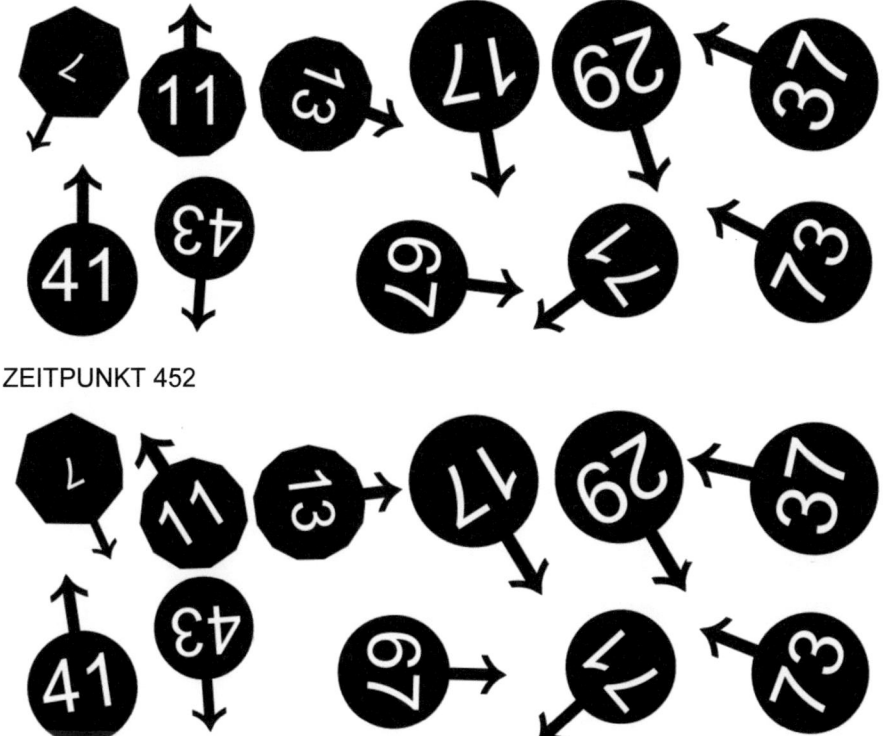

ZEITPUNKT 452

An beiden Grafiken lässt sich der Unterschied zwischen den Rotationsgeschwindigkeiten unterschiedlich großer Polygone sehr gut erkennen. Während man für die kleineren Polygone (7, 11, 13) noch mit bloßem Auge erkennen kann, wie sich der Pfeil von einem Zeitpunkt zum nächsten verschiebt, ist die Verschiebung bzw. Rotation für die größeren Polygone (67, 71, 73) kaum noch für das Auge erkennbar.

Aber wie kommt es jetzt, dass zwischen 451 und 511 unterschiedliche Rangfolgen für die Entstehung der Verszahlen (Primzahlprodukte aus Multiplikatoren und Multiplikanden der Größe größer/gleich 7) erscheinen, wenn doch das Polygon der Größe 7 viel häufiger an der Bildung einer Zahl beteiligt ist?

Die Antwort ist denkbar einfach. Es liegt daran, an welcher Stelle und in der wievielten Rotation sich ein Polygon befindet. Zum Zeitpunkt 451 ist das Polygon 7 in der 64. Rotation, nachdem es bei 7 x 64 an der Bildung der 448 beteiligt war. Die nächsten Zahlen, die das Polygon bildet sind 455, 462, 469, 476, 483, 490, 497, 504 und 511. Von diesen neun Zahlen sind jedoch 6 Zahlen durch 2, 3 und 5 teilbar, daher sind sie schon aus dem Prinzip, dass ich nur die Verszahlen aufgelistet hatte, die durch Primzahlen der Größer größer/gleich 7 entstanden sind, herausgefiltert. Und dennoch ist die Abfolge für die Zahl 7 ordentlich.

Ihr Polygon trifft nach der 64. Rotation auf 65, dann auf 66, dann auf 67, dann auf 68, dann auf 69, dann auf 70, dann auf 71, dann auf 72, dann auf 73. Die Multiplikanden-Polygone 65, 66, 68, 70 und 72 sind teilbar durch 2, 3 und / oder 5. Sie sind daher nicht an der Bildung von Verszahlen beteiligt. Wenn die 7 auf diese Polygone trifft, ergibt sich daher keine Verszahl. Nur bei 67, 71 und 73 trifft sie auf nicht durch 2, 3 oder 5 teilbare Zahlen. Daher entstehen aus den Multiplikationen mit ihnen Verszahlen. Die Zahl 11 bzw. das Polygon 11 hingegen befindet sich zu den Zeitpunkten 451 bis 511 an ganz anderer Stelle ihrer Rotationen. Sie ist noch gar nicht an den Stellen 65 bis 73 angelangt. Stattdessen trifft sie auf die Multiplikanden-Polygone 41, 42, 43, 44, 45 und 46. Von diesen sechs Polygonen sind vier durch 2, 3 und oder 5 teilbar, aber zwei nicht. Dies sind die beiden Polygone der Größe 41 und 43.

Da 41 und 43 sehr dicht beieinander liegen, kann die 11 daher sehr schnell hintereinander mit jenen eine Verszahl bilden, nämlich 451 (11 x 41) und 473 (11 x 43). Zwischen 451 und 473 kommt es nur einmal zur Bildung einer Verszahl durch andere Primzahlpolygone, nämlich bei 469 durch die Polygone 7 und 67. Dies bedeutet, dass sich alle anderen Polygone zwischen den Zeitpunkten 451 und 473 in solchen Rotationen befinden, die dazwischen keine weiteren Verszahlen zulassen. Dies heißt, dass sie sofern sie dazwischen überhaupt an der Bildung einer Zahl beteiligt sind, nur eine Zahl bilden, die durch 2, 3 und oder 5 teilbar ist. Oder es ließe sich auch sagen, dass diese Polygone nur mit Multiplikanden, die durch 2, 3 und oder 5 teilbar sind, Multiplikationen eingehen.

Verszahlen hatte ich als jene Zahlen definiert, die durch Primzahlen größer/gleich 7 teilbar sind. Dies heißt, dass zwischen einer Verszahl und der darauf folgenden, keine weiteren Zahlen liegen, die durch Primzahlen größer/gleich 7 teilbar sind. Es gäbe somit nur noch Zahlen dazwischen die entweder durch 2, 3 und/oder 5 teilbar sind oder neue Primzahlen.

Meine Auflistung bei der Rangfolge der Multiplikatoren und Multiplikanden setzt mit den Verszahlen sozusagen Eckpunkte. Zwischen diesen Eckpunkten dürften nach dem Herausfiltern der durch 2, 3 und 5 teilbaren Zahlen nur noch Primzahlen übrig bleiben. Ich schaue mir daher im folgenden das Raster der MP-Zahlen vom Bereich 451 bis 511 an. Die letzte Ziffer startet hierbei mit .51, wobei die Quersummenfolge dem QA entspricht, weil 4 + 5 + 1= 10 → 1 + 0 = 1 ist. Zunächst werde ich für diesen Bereich die Anzahl möglicher Primzahlen (MP-Zahlen) ermitteln. Wenn ich von dieser Anzahl die Anzahl der Verszahlen dieses Bereichs abziehe, dann würde die Differenz die Anzahl der Primzahlen ausmachen, die in diesem Bereich auftreten.

Letzte Ziffer	QA	MP
.51	1	X
.52	2	-
.53	3	-
.54	4	-
.55	5	-
.56	6	-
.57	7	X
.58	8	-
.59	9	-
.60	1	-
.61	2	X
.62	3	-
.63	4	X
.64	5	-
.65	6	-
.66	7	-
.67	8	X
.68	9	-
.69	1	X
.70	2	-
.71	3	-
.72	4	-
.73	5	X

.74	6	-
.75	7	-
.76	8	-
.77	9	-
.78	1	-
.79	2	X
.80	3	-
.81	4	X
.82	5	-
.83	6	-
.84	7	-
.85	8	-
.86	9	-
.87	1	X
.88	2	-
.89	3	-
.90	4	-
.91	5	X
.92	6	-
.93	7	X
.94	8	-
.95	9	-
.96	1	-
.97	2	X
.98	3	-

.99	4	X
.00	5	-
.01	6	-
.02	7	-
.03	8	X
.04	9	-
.05	1	-
.06	2	-
.07	3	-
.08	4	-
.09	5	X
.10	6	-
.11	7	X

Wie sich zeigt, kommen in dem Bereich 451 bis 511 siebzehn MP-Zahlen vor. Davon sind sieben Zahlen Verszahlen, nämlich 451 (11 x 41), 469 (7 x 67), 473 (11 x 43), 481 (13 x 37), 493 (17 x 29), 497 (7 x 71) und 511 (7 x 7 73). Die MP-Zahlen abzüglich der Verszahlen würden demzufolge zehn Primzahlen in diesem Bereich erscheinen lassen. Und tatsächlich sind die Zahlen 457, 461, 463, 467, 479, 487, 491, 499, 503 und 509 alles Primzahlen.

Wenn wir die Anzahl der Verszahlen in einem Bereich kennen würden, könnten wir auch die Anzahl der Primzahlen des Bereichs ermitteln, da sie die Differenz aus MP-Zahlen und Verszahlen eines Bereichs ausmachen. Die Anzahl der MP-Zahlen ließ sich mithilfe meiner Tabellen, die alle durch 2, 3 und oder 5 teilbaren Zahlen herausfilterten, ermitteln. So kamen in den Hunderterintervallen ab 100 immer entweder 28 oder 26 neue MP-Zahlen dazu. In dem Intervall von 100 bis 999 erschienen 240 neue MP-Zahlen, in dem Intervall von 1000 bis 9999 waren es 2400. Durch Addition der MP-Zahlen unterschiedlich großer Intervalle kam ich in dem Bereich von 0 bis 999 auf insgesamt 265 MP-Zahlen, in dem Bereich von 0 bis 9999 auf 2665 MP-Zahlen.

Leider ist die Anzahl der Verszahlen in einem Bereich jedoch nicht auf diese Weise ermittelbar. Das Problem liegt darin, weil jedes Polygon mit den Rotationen zu einem unterschiedlichen Zeitpunkt und in einer unterschiedlich hohen Rotationsgeschwindigkeit startete. Dies führt dazu, dass kleinere Zahlen einen Bereich mit viel mehr Multiplikationen füllen.

Ich möchte im folgenden drei Sachverhalte besprechen, die letztlich entscheidend dafür sind, wann und wie viele Verszahlen sich in einem Bereich bilden. Gemeint sind die drei Sachverhalte

1. Startpunkt eines Polygons,
2. Rotationsgeschwindigkeit und
3. Anzahl möglicher Multiplikationen eines Polygons in einem Bereich.

4.4 Startpunkt eines Polygons

Ich hatte bereits aufgezeigt, dass Zeit im Multiplikationssystem eine Rolle spielt. Die Zahl 7 ist an mehr Zeitpunkten an der Bildung einer Zahl beteiligt als die Zahl 11. Die Zahl 11 wiederum ist an mehr Zeitpunkten an der Bildung einer Zahl beteiligt als die Zahl 13. Der Zahlenteppich ist zwar unendlich und das bedeutet, das jede Zahl auch mit jeder Zahl irgendwann eine Multiplikation eingeht, doch nimmt man aus diesem Zahlenteppich einen Bereich heraus, stellt man fest, dass kleinere Zahlen innerhalb dieses Bereichs an mehr Multiplikationen beteiligt sind, als größere. Ein Grund dafür ist der Startpunkt der Zahl bzw. des Polygons, den ich jetzt einmal ungeachtet der Rotationsgeschwindigkeit separat betrachten möchte.

Dafür stelle ich mir vor, dass der Zahlenteppich in einer ins Unendliche gerichteten Spirale verläuft. Von einem Startpunkt gehen Läufer auf die Bahnen der Spirale, die stellvertretend für die Primzahl-Multiplikatoren größer gleich 7 sind. Auf den Bahnen wiederum befinden sich Hindernisse, die stellvertretend für die Primzahl-Multiplikanden größer gleich 7 sind. Immer wenn ein Multiplikator-Läufer ein solches Hindernis überschreitet, geht er mit dem Multiplikand eine Multiplikation ein, die zu einer Verszahl führt.

Der Startzeitpunkt jedes Primzahlläufers ist ein anderer. So startet der 7ner Läufer um vier Zeiteinheiten früher als der 11er Läufer. Der 13ner Läufer wiederum startet zwei Zeiteinheiten später als der 11er Läufer.

Die folgenden Grafiken zeigen die verschiedene Positionen der Läufer zu unterschiedlichen Zeitpunkten.

Die erste Grafik zeigt einen Zeitpunkt, der kleiner als 7 ist. Dies bedeutet, dass sich auf der Spiralenbahn noch kein Multiplikator-Läufer größer gleich 7 befindet. Zu diesem Zeitpunkt kommen nur Multiplikationen zustande, wie $2 \times 2 = 4$ oder $2 \times 3 = 6$.

Zeitpunkt < 7

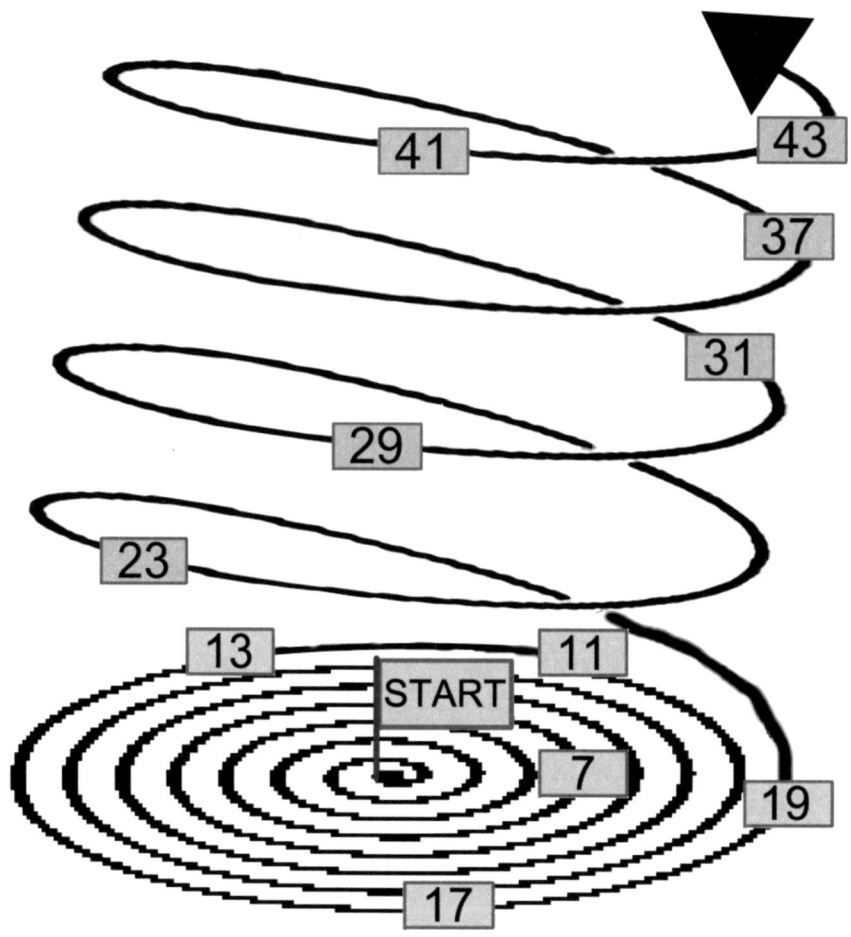

Die zweite Grafik zeigt den Zeitpunkt 7. Hier entsteht die Zahl 7, die sich als Multiplikator-Läufer auch nachfolgend auf die Multiplikanden-Hindernis-Spirale begibt.

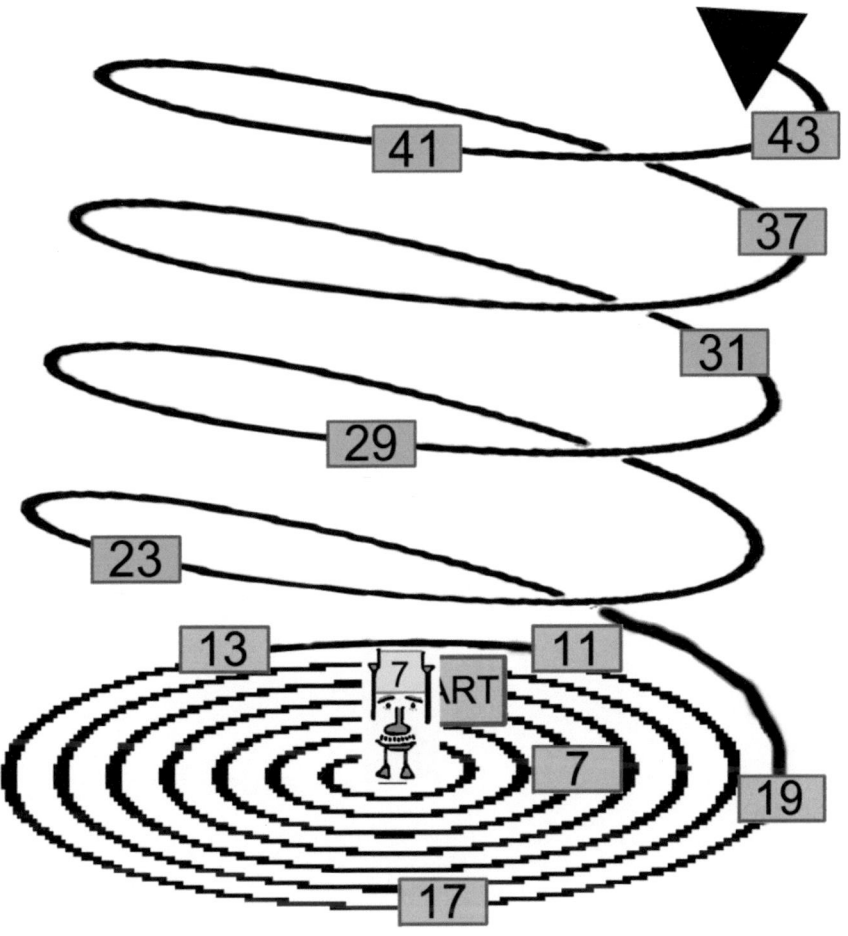

Die nachfolgend dritte Grafik zeigt den Zeitpunkt 11. Hier entsteht die Zahl 11, die sich ebenfalls auf den Weg in die Spiralbahn begibt. Der Multiplikator-Läufer 7 befindet sich hier mittlerweile schon mit einem Vorsprung von vier Zeiteinheiten auf der Spiralbahn.

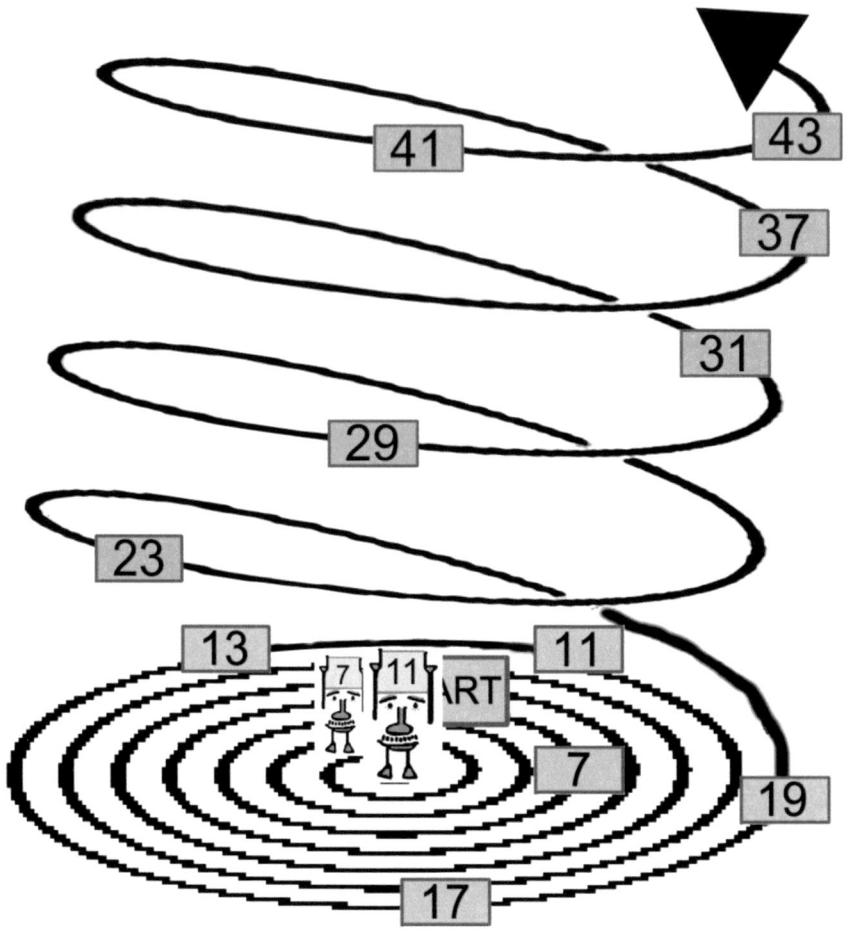

Mit der vierten Grafik kommt die Zahl 13 zum Zeitpunkt 13 ins Rennen…

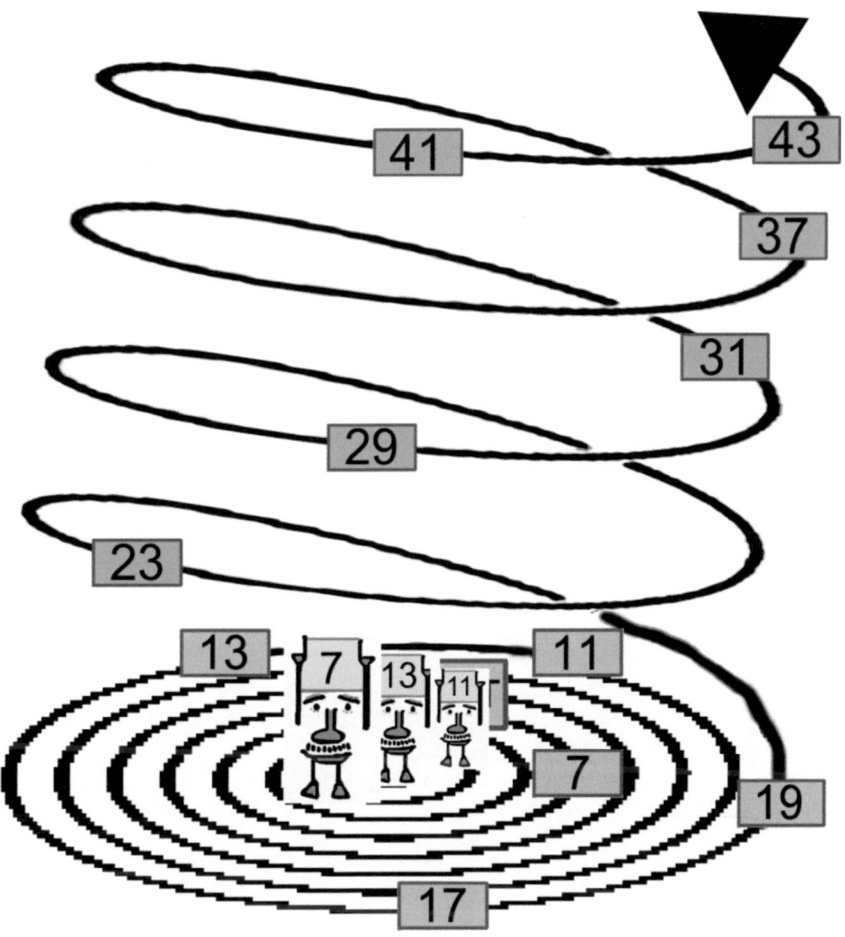

Der Multiplikator-Läufer 7 befindet sich zum Zeitpunkt 13 kurz davor mit dem Multiplikand 2 eine gemeinsame Zahl (14) zu bilden. Das Hindernis des Multiplikanden 2 ist jedoch nicht auf der Grafik abgebildet, da es mir vor allem um die Multiplikationen aus Multiplikatoren und Multiplikanden größer gleich 7 geht. Daher mache ich mit der fünften Grafik einen Sprung zum Zeitpunkt 49.

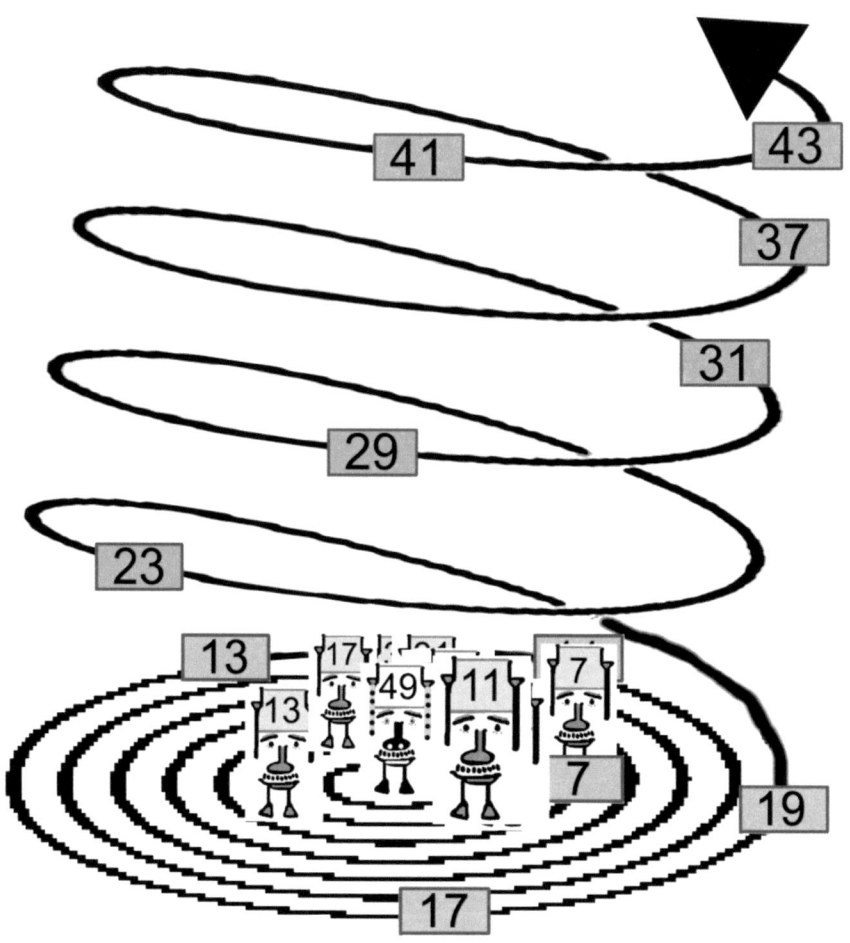

Zum Zeitpunkt 49 entsteht die erste Verszahl, gebildet aus Multiplikatoren und Multiplikanden größer gleich 7. In diesem Fall trifft der Multiplikator-Läufer 7 auf das Multiplikanden-Hindernis 7. Der Multiplikator-Läufer 11 hat gerade den Multiplikand 4 passiert, der Multiplikator-Läufer 13 den Multiplikand 3. Insgesamt befinden sich zu diesem Zeitpunkt alle Primzahl-Multiplikatoren bis 47 auf der Spiralbahn.

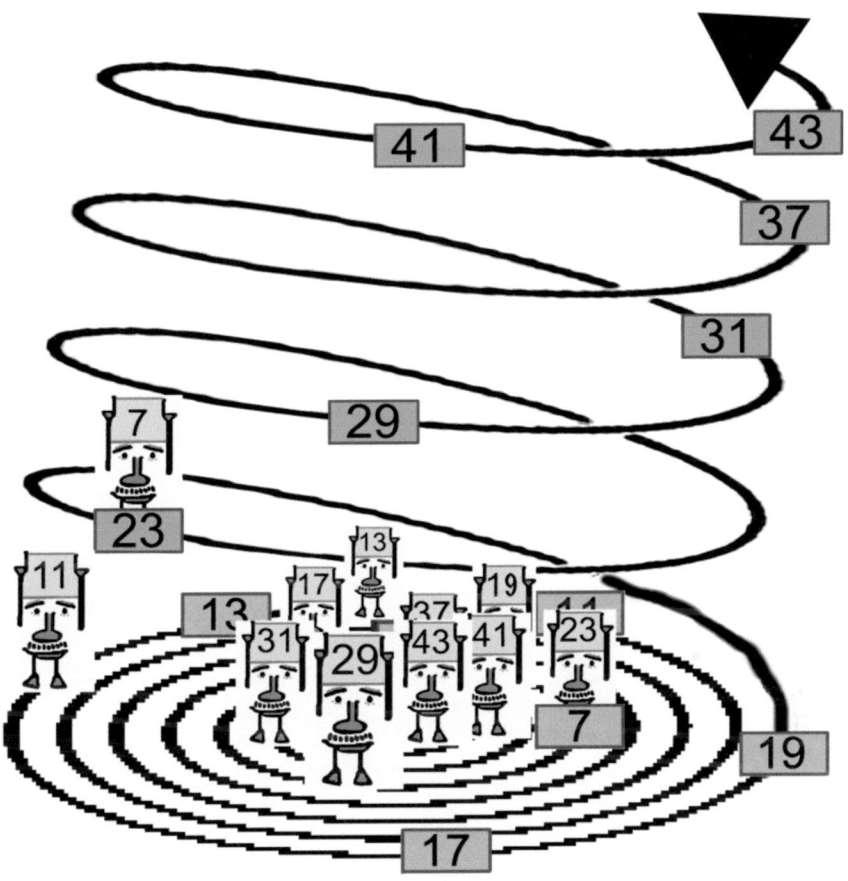

In der sechsten Grafik wird der Zeitpunkt 161 abgebildet. Hier befindet sich der Multiplikator-Läufer 7 bereits am Multiplikanden-Hindernis 23. Umgedreht befindet sich der Multiplikator-Läufer 23 am Multiplikanden-

Hindernis 7. Im Sinne des Kommutativgesetzes in der Multiplikation spielt es keine Rolle ob man 7 x 23 oder 23 x 7 schreibt, weil beide Multiplikationen zu dem gleichen Ergebnis führen. Und dennoch gibt es zwischen beiden Multiplikationen einen Unterschied, nämlich jenen, dass der Multiplikator 7 zu diesem Zeitpunkt bereits die dreiundzwanzigste Multiplikation vollendet, der Multiplikator 23 vollendet hingegen erst die siebte Multiplikation. Es zeigt sich auch, dass die kleineren Multiplikatoren, die früher starteten, schon einen größeren Vorsprung auf der Spiralbahn eingenommen haben, als die größeren Multiplikatoren. Dieser Vorsprung wird auch in der siebten Grafik sichtbar.

Die obere Grafik zeigt den Zeitpunkt 301. Zu diesem Zeitpunkt bildet der Multiplikator-Läufer 7 mit dem Multiplikanden-Hindernis 43 die Verszahl 301. Umgekehrt befindet sich der Multiplikator-Läufer 43 am Multiplikanden-Hindernis 7. Alle Primzahlen kleiner als 301 und größer als 43 befinden sich in dem Raum zwischen dem Startpunkt und dem Multiplikanden-Hindernis 7.

Dies hat die Konsequenz, dass diese Primzahlen erst nach dem Zeitpunkt 301 bzw. nach der Bildung der Zahl 301 neue Verszahlen bilden können. Dies ist deshalb nur dann möglich, weil die Bedingung zur Bildung einer Verszahl einen Primzahl-Multiplikator größer gleich 7 und einen Primzahl-Multiplikanden größer gleich 7 voraussetzt. Auch wenn der Multiplikator die Bedingung erfüllt, muss er erst auf ein Multiplikanden-Hindernis solcher Größe treffen und dies geschieht auf der Spiralbahn erstmalig mit dem Hindernis 7. Nach der 43 ist als nächst möglicher Multiplikator erst der 47er Läufer jener, der das Multiplikanden-Hindernis 7 passiert. Bei der Abfolge der Multiplikationen aus Primzahlen größer gleich 7 läuft es also durchaus geordnet ab. Ein größerer Multiplikator wird niemals einen kleineren überholen können. So wird er auch niemals mehr Multiplikationen eingehen können, wie kleinere Multiplikatoren. Dies liegt zum einen an dem Startpunkt eines Multiplikator-Läufers oder auch Multiplikator-Polygons, zum anderen an dessen Geschwindigkeit bzw. Rotationsgeschwindigkeit.

4.5 Rotationsgeschwindigkeit

Eine hohe Geschwindigkeit bzw. Rotationsgeschwindigkeit bedeutet, dass ein kleinerer Multiplikator in einem Bereich an mehr Multiplikationen beteiligt ist als ein größerer. Der größere wiederum erreicht schon in der Kombination mit kleineren Multiplikanden einen weiter entfernten Zeitpunkt bzw. die Bildung einer größeren Verszahl. In vorherigen Kapiteln hatte ich schon gezeigt, dass kleinere Multiplikator-Polygone viel öfter Multiplikationen eingehen, als ihre größeren Konkurrenten. Dies ist auch auf der Spiralbahn sichtbar. Hier hat der 7ner Läufer immer mehr Hindernisse hinter sich gelassen, als seine größeren Konkurrenten.

Ich hatte bereits die Abfolgen betrachtet, die zur Entstehung der Verszahlen von 49 bis 781 führen. Hier erschien die Rangfolge unordentlich, da ich sie nach der Entstehung der Zahlen bzw. raufzählend von der Seite der Produkte aus betrachtet habe. Für die ersten Verszahlen bis 203 sieht die Abfolge wie folgt aus:

7 x 7	= 49	A x A
7 x 11	= 77	A x B
7 x 13	= 91	A x C
7 x 17	= 119	A x D
11 x 11	= 121	B x B
7 x 19	= 133	A x E
11 x 13	= 143	B x C
7 x 23	= 161	A x F
13 x 13	= 169	C x C
11 x 17	= 187	B x D
7 x 29	= 203	A x G

Bis zur Zahl 119 scheint die Abfolge noch geordnet, doch danach reihen sich scheinbar ungeordnete Abfolgen in den Zahlenteppich. So reihen sich zwischen A x F und A x G plötzlich die Multiplikationen C x C und B x D. Und dennoch ist ein ordentlicher Sachverhalt erkennbar. Nämlich jener, dass ein größerer Multiplikator niemals vor einem kleineren Multiplikator mit einem Multiplikanden eine Multiplikation eingeht. So passiert die Multiplikation

A x A immer vor B x A, die Multiplikation K x L passiert immer vor L x L. Einzige Ausnahmen dieser Regel sind jene Multiplikationen, deren Multiplikatoren und Multiplikanden im Sinne des Kommutativgesetzes vertauscht wurden, da A x B gleich B x A ist.

89

Wenn ich die Auflistung der oberen Abfolge leicht verändere, wird dieser geordnete Rang besser sichtbar.

A x A

A x B

A x C

A x D

      B x B

A x E

      B x C

A x F

            C x C

      B x D

A x G

Wenn man sich diese Rangfolge auf der Spiralbahn vorstellt, dann erkennt man, dass der Vorsprung des Multiplikators A zu B und C sich pro höheren Zeitpunkt bzw. pro Bildung einer höheren Zahl vergrößert. Wenn A schon mit dem Multiplikanden G eine Verszahl bildet, hat B gerade erstmal das Hindernis D passiert und C gerade erstmal das Hindernis C.

Der Vorsprung entsteht zunächst, dadurch dass eine kleinere Primzahl als Polygon oder Multiplikator-Läufer früher im Zahlenteppich entsteht. So hat die 7 zunächst einen Abstand gegenüber der 11 von vier. Da sie kleiner ist als die 11 kann sie an der Bildung jeder siebten Zahl beteiligt sein. Mit dem Vorsprung von vier braucht sie nur noch drei weitere Einheiten hinter sich lassen, bevor sie an der nächsten Multiplikation beteiligt ist, nämlich an 7 x 2 = 14. Die 11 hingegen hat bei 14 erst drei Einheiten hinter sich gelassen. Sie kann nur an der Bildung jeder elften Zahl beteiligt sein. Daher braucht sie jetzt noch 8 Einheiten bis sie an der Multiplikation 11 x 2 = 22 beteiligt ist. Die 7 hingegen hat hier schon die Bildung der dritten Zahl hinter sich gelassen, nämlich 7 x 3 = 21. Durch diese Kombination von Vorsprung und höherer Beteiligung an Multiplikationen generell, ist ihr Anteil an Multiplikationen in einem Bereich stets größer als jener Anteil der nächst größeren Primzahl 11. Dies gilt auch für die Beteiligung an der Bildung von Verszahlen. An der Bildung wie vieler Verszahlen ein Primzahl-Multiplikator in einem Bereich beteiligt ist, lässt sich ermitteln. Dies soll nachfolgend aufgezeigt werden.

4.6 Anzahl möglicher Multiplikationen eines Polygons in einem Bereich

Wenn die Primzahl 7 mit allen Zahlen von 1 bis 100 eine Multiplikation eingeht, dann sind das 100 Zahlen an deren Bildung sie beteiligt ist. Die kleinste Zahl ist dabei die 7, entstanden aus 7 x 1 und die größte Zahl ist die 700, entstanden aus 7 x 100. Von 1 bis 700 war die Zahl 7 somit an 100 Zahlenbildungen beteiligt und an 600 Zahlenbildungen war sie nicht beteiligt. Doch wie viele von den 100 Zahlen, die sie gebildet hat, sind Verszahlen?

Abzüglich der Primzahlen 2, 3, und 5 gibt es in dem Bereich von 1 bis 100 noch 22 Primzahlen, die größer gleich 7 sind. Mit all diesen 22 Zahlen bildet die 7 als Multiplikator eine Verszahl. Das heißt, dass die Zahl 7 bis 700 schon einmal an der Bildung von 22 Verszahlen beteiligt ist. Doch dies sind noch nicht alle, denn es kommen noch drei weitere hinzu. Ich hatte nämlich auch gezeigt, dass es bis 100 drei Verszahlen gibt, die selbst aus Primzahlen entstanden sind. Die 49 entstanden aus 7 x 7, die 77 entstanden aus 7 x 11 und die 91 entstanden aus 7 x 13. Da diese Verszahlen (Zweiverszahlen) sich außer in 1 und in sich selbst nur in Primzahl-Faktoren größer/gleich 7 zerlegen lassen, müssen sie auch mitberücksichtigt werden. Das heißt, dass die Zahl 7 bis zur Zahl 700 an der Bildung dreier weiterer Verszahlen (Dreiverszahlen) beteiligt ist, nämlich 7 x 7 x 7 = 343 (7 x 49), 7 x 7 x 11 = 539 (7 x 77) und 7 x 7 x 13 = 637. Insgesamt hat die 7 also bis 700 genau 25 Verszahlen gebildet. Ich hatte bereits gezeigt, dass die Summe aus Primzahlen ab 7 und Verszahlen die Anzahl der MP- Zahlen ergibt. Um die Anzahl der Verszahlen zu ermitteln, die ein Primzahl-Multiplikator in einem Bereich bildet, muss man die Anzahl der Primzahl und Verszahl Multiplikanden wissen, die es bis zu dem höchsten Multiplikand gibt. Die MP-Zahlen als Summe von Primzahlen ab 7 und Verszahlen geben uns Aufschluss darüber. Von 0 bis 99 gibt es 25 MP-Zahlen, von 0 bis 999 sind es 265, von 0 bis 9.999 sind es 2.665 und von 0 bis 99.999 sind es 26.665. Da 100, 1.000, 10.000 und 100.000 keine MP-Zahlen sind, lässt sich auch schreiben, dass es bis 100 genau 25 MP-Zahlen gibt, von 0 bis 1.000 genau 265 u.s.f.

Dies heißt, dass ein Primzahl-Multiplikator bis zum hundertfachen seines Wertes an der Bildung von 25 Verszahlen beteiligt ist und bis zum tausendfachen seines Wertes an der Bildung von 265 Verszahlen.

Für den Primzahl-Multiplikator 7 ergibt dies

bis 700   25 Verszahlen

bis 7000   265 Verszahlen

bis 70000   2665 Verszahlen.

Für den Primzahl-Multiplikator 11 ergibt dies

bis 1100   25 Verszahlen

bis 11000   265 Verszahlen

bis 110000   2665 Verszahlen.

Es lässt sich damit zwar zeigen, wie viele Verszahlen ein Primzahl-Multiplikator bis zu einem bestimmten Bereich bilden kann, doch eine Aussage darüber zu treffen, wie viele Verszahlen von allen möglichen Primzahl-Multiplikatoren bis zu einem bestimmten Bereich gebildet werden, fällt schwieriger aus. Denn es nützt mir nichts die Anzahl der Verszahlen für den Bereich des hundert oder tausendfachen eines Primzahl-Multiplikators zu ermitteln, da dieser nicht äquivalent zu denen jeder anderen Primzahl-Multiplikatoren ist. Daher müsste man einen Bereich bestimmen und hier für

jeden Primzahl-Multiplikator die Anzahl der von ihm gebildeten Verszahlen separat ermitteln.

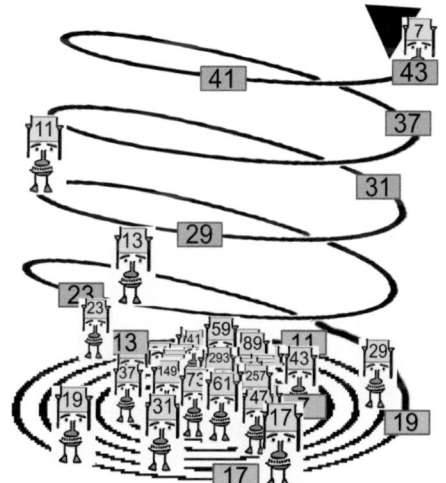

Wenn ich noch einmal die Spiralbahn zum Zeitpunkt 301 betrachte, erkenne ich, das von 1 bis 301 zumindest nur die Primzahl-Multiplikatoren von 7 bis 43, Verszahlen bilden. Alle anderen lassen sich bei der Anzahlermittlung ausschließen, weil diese bis 301

noch nicht das Multiplikanden-Hindernis 7 erreicht haben. Um eine Aussage darüber zu treffen, wie viele Verszahlen durch die Primzahl-Multiplikatoren von 7 bis 43 bis zum Zeitpunkt 301 gebildet werden, müsste ich somit von jedem einzelnen, die Anzahl möglicher Verszahlen ermitteln.

Dies ist ein sehr mühseliges Unterfangen, wobei mir auch nicht meine Tabellen die Ermittlung vereinfachen können.

Von 7 bis 43 gibt es 11 Primzahlen, die bis 301 als Multiplikatoren und Multiplikanden fungieren, nämlich die 7, 11, 13, 17, 19, 23, 29, 31, 37, 41 und 43.

Die 7 als Multiplikator geht bis 301 mit allen elf Primzahlen als Multiplikanden eine Multiplikation ein. Dies heißt, sie bildet bis 301 elf Verszahlen.

Die 11 bildet mit den sechs Primzahl-Multiplikanden 7, 11, 13, 17, 19 und 23 sechs Verszahlen. Die 13 bildet ebenso mit jenen sechs Primzahl-Multiplikanden bis 301 sechs Verszahlen. Bei der 17 sind es vier Verszahlen, bei der 19 sind es drei Verszahlen, bei der 23 sind es auch drei Verszahlen. Bei den Primzahl-Multiplikatoren 29, 31, 37, 41 und 43 ist es jeweils eine Verszahl.

7 → 11 Verszahlen

11 → 6 Verszahlen

13 → 6 Verszahlen

17 → 4 Verszahlen

19 → 3 Verszahlen

23 → 3 Verszahlen

29 → 1 Verszahl

31 → 1 Verszahl

37 → 1 Verszahl

41 → 1 Verszahl

43 → 1 Verszahl

Für alle Multiplikatoren von 7 bis 43 habe ich somit eine Gesamtanzahl von 38 Verszahlen bis 301. Tatsächlich gibt es bis 301 jedoch nur 21 Verszahlen. Dies liegt daran, weil sich für bestimmte Multiplikationen im Sinne des Kommutativgesetzes gleiche Verszahlen bilden. Von den oben errechneten 38 sind nämlich 17 Verszahlen durch vertauschbare Multiplikatoren und Multiplikanden entstanden. So bildet der Multiplikator 7 mit dem Multiplikanden 43 die gleiche Verszahl wie der Multiplikator 43 mit dem Multiplikanden 7. Nur vier Verszahlen hingegen wurden bis 301 nicht aus unterschiedlichen und damit vertauschbaren Multiplikatoren und Multiplikanden gebildet. Dies sind jene Verszahl, bei denen der Multiplikator mit dem Multiplikanden den gleichen Wert hat, nämlich 49 (7 x 7), 121 (11 x 11), 169 (13 x 13) und 289 (17 x 17).

Jene vier einmal gebildeten Verszahlen und die siebzehn doppelt gebildeten Verszahlen ergeben somit zusammen die 21 Verszahlen bis 301. Zur Ermittlung der Anzahl von Verszahlen hilft auch ein Exkurs in die Kombinatorik nicht wirklich weiter, da die Ungleichmäßigkeiten bei den zur Entstehung von Verszahlen führenden Multiplikationen aus verschiedenen Sachverhalten herrühren und sich somit keine allumfassende kombinatorische Formel finden lässt, die einerseits bestimmte Multiplikationen einschließt und andererseits wiederum andere ausschließt. Was damit gemeint ist, möchte ich im folgenden näher besprechen.

Als ich die Rangfolge der Multiplikationen betrachtet habe, hatte ich die Primzahl-Multiplikatoren und Multiplikanden durch Buchstaben ersetzt. Dadurch ergaben sich für die ersten zehn Verszahlen folgende Rangfolgen:

A x A, A x B, A x C, A x D, B x B, A x E, B x C, A x F, C x C, B x D, A x G.

Es gibt nur wenige Ordnungen, die bei der Rangfolge zu erkennen sind.

Eine Ordnung ist jene, dass ein kleinerer Multiplikator einen früheren Startpunkt hat und aufgrund seiner kleineren Größe früher die Multiplikanden erreicht, als jeder größere. Der Primzahl-Multiplikand 7 trifft auf die Primzahl-Multiplikanden 7, 11, 13 und 17 noch bevor der Primzahl-Multiplikator 11 den Primzahl-Multiplikanden 11 erreicht. Jeder Primzahl-Multiplikator folgt für sich einer bestimmten Ordnung, indem er nach der Reihe auf immer den jeweils nächst größeren Primzahl-Multiplikanden trifft. Dies zeigte auch die Spiralbahn. Jeder Primzahl-Läufer kommt auf seinem Weg immer an dem nächst größeren Multiplikanden-Hindernis vorbei. Da die Abstände zwischen den Multiplikatoren, aber auch die Abstände zwischen den Multiplikanden variieren, entsteht eine scheinbar unordentliche Rangfolge, so dass sich nicht so leicht vorher bestimmen lässt, welche Multiplikatoren und Multiplikanden als nächstes aufeinander treffen, eine Gleichung eingehen und somit schließlich die nächste Verszahl bilden. Um jetzt diesem Problem auszuweichen, könnte man auf die Idee kommen, die Anzahl der Verszahlen mithilfe der Kombinatorik zu ermitteln. Ich erinnere daran, dass man die Anzahl der Primzahlen in einem Bereich dann ermitteln kann, wenn man die Anzahl der Verszahlen weiß. Zu der Anzahl der Primzahlen in einem Bereich, gelangt man indem man die Anzahl der Verszahlen von der Anzahl der MP-Zahlen subtrahiert. Ich zeigte bereits, dass der Primzahl-Multiplikator 7 sich bis zur Zahl 700 mit 22 Primzahl-Multiplikanden ab 7 und mit drei Verszahlen kombiniert. Für den Primzahl-Multiplikator 11 passiert das gleiche bis zur Zahl 1100. Daraus schließe ich, dass sich jeder Primzahl-Multiplikator bis zum hundertfachen seines

Wertes auch mit diesen 25 MP-Zahlen kombiniert, bis zum tausendfachen kombiniert er sich mit 265 MP-Zahlen. In der Tat kombiniert sich jeder Primzahl-Multiplikator irgendwann im Zahlenteppich auch mit jeder MP-Zahl. Das Produkt aus beiden ist auf jeden Fall eine Verszahl, da es nicht durch 2, 3 oder 5 teilbar sein wird. Jetzt könnte ich daraus schließen, dass die Anzahl der Kombinationen auch der Anzahl der Verszahlen entspricht. Dies ist aber leider nicht der Fall, denn viele Kombinationen führen zu der gleichen Verszahl. Und dieser Sachverhalt führt dazu, dass sich mithilfe der Kombinatorik nicht auch die Anzahl der Verszahlen ermitteln lässt. Eine solches Vorhaben involviert nicht nur ein Problem. Die Probleme nehmen mit immer höheren Verszahlen im Zahlenteppich zu. Um welche Art von Problemen es sich handelt, möchte ich im folgenden näher erörtern.

4.7 Kombinatorische Probleme
4.7.1 Problem 1: Anzahl der Multiplikatoren und Multiplikanden

Verszahlen sind Produkte aus Primzahlen größer oder gleich 7. Demzufolge kann man davon ausgehen, dass sich alle Verszahlen in Primzahlfaktoren größer oder gleich 7 zerlegen lassen. Das Problem wurzelt aber in der Frage, in wie viele Faktoren sich eine Verszahl zerlegen lässt. Es gibt Verszahlen, die sich in nur zwei Faktoren zerlegen lassen und andere in einem sehr hohen Bereich des Zahlenteppichs, die sich in Millionen von Faktoren zerlegen lassen. So bildet z.B. 7^2 eine Verszahl, aber auch 7^n für $n > 1$. Anders geschrieben führt sowohl 7×7 zu einer Verszahl aber auch $7 \times 7 \ldots \times 7$. Aus 7 lassen sich somit unendlich viele Verszahlen bilden. Die erste Verzahl aus Multiplikatoren und Multiplikanden gleich 7 ist die 49

(7 x 7). Danach folgen 343 (7 x 7 x 7), 2.401 (7 x 7 x 7 x 7), 16.807 (7 x 7 x 7 x 7 x 7), 117.649 (7 x 7 x 7 x 7 x 7 x 7), u.s.f..

Wenn ich jetzt den Verszahlen, die nur aus 7 gebildet wurden, jene gegenüberstelle, die nur aus 11 gebildet wurden, zeigt sich ein neues Problem: Die erste Verszahl aus Multiplikatoren und Multiplikanden gleich 11 ist die 121 (11 x 11). Danach folgen 1.331 (11 x 11 x 11), 14.641 (11 x 11 x 11 x 11), 161.051 (11 x 11 x 11 x 11 x 11), u.s.f..

Um den Bereich 100.000 zu überschreiten, benötigt die Primzahl 7 eine Anzahl an Multiplikatoren und Multiplikanden von sechs. Die Primzahl 11 hingegen benötigt nur fünf Multiplikatoren und Multiplikanden. Die Primzahl 409 hingegen erreicht die 167.281 (409 x 409) mit nur je einem Multiplikatoren und Multiplikanden.

Dies heißt, dass innerhalb des Zahlenteppichs Verszahlen aufeinander folgen, die aus einer verschieden hohen Anzahl an Multiplikatoren und Multiplikanden entstanden sind. Der Rang von einer Verszahl zur nächsten kann wild durcheinander erfolgen. Mal entsteht eine Verszahl, zerlegbar in zwei Faktoren und darauf folgt vielleicht eine, die sich in fünfzig Faktoren zerlegen lässt. Noch wilder wird es, wenn Verszahlen aus verschiedenen Primzahl Multiplikatoren und Multiplikanden gebildet wurden. So ergibt z.B. 7 x 7 x 11 x 11 x 13 x 13 die Verszahl 1.002.001, während 1459 x 691 die im Verhältnis nur wenig davon entfernte Verszahl 1.008.169 ergibt. Bis zu einem bestimmten Bereich bzw. zu einer bestimmten Verszahl lässt sich immer die maximale Anzahl an Multiplikatoren und Multiplikanden ermitteln. Für einen Bereich, der kleiner als 7^n ist, kann die maximale Anzahl an Multiplikatoren und Multiplikanden nur $n - 1$ betragen. Bei jedem 7^n

entsteht ein neuer Bereich, der die maximale Anzahl der Primzahl-Faktoren größer gleich 7 bestimmt, durch die sich eine Verszahl zerlegen lässt.

Der Mix aus aufeinander folgenden Verszahlen, gebildet aus einer unterschiedlich hohen Anzahl an Multiplikatoren und Multiplikanden, erschwert jedoch das Benutzen einer kombinatorischen Formel. Für einen Bereich dessen obere Grenze bei $7^n - 1$ verortet wird, liegt nämlich die Anzahl bei allen Werten für n, die kleiner als n und größer als 2 sind. Daher müsste die kombinatorische Formel all jene Werte berücksichtigen, damit nicht bestimmte Kombinationen aus den Primzahl-Multiplikatoren und Multiplikanden, die zu Verszahlen führen, außer Acht gelassen werden.

4.7.2 Problem 2: Unbestimmbarkeit der zu verwendenden Multiplikatoren und Multiplikanden

Das nächste Problem schafft die Unbestimmbarkeit der zu verwendenden Multiplikatoren und Multiplikanden. Da es unendlich viele Primzahlen gibt, gibt es auch unendlich viele Multiplikatoren und Multiplikanden, die Verszahlen bilden. Wenn ich eine kombinatorische Formel benutze, könnte ich zwar die Anzahl an Multiplikationen aus bestimmten Multiplikatoren und Multiplikanden ermitteln, die bis zu einem Bereich vorkommen, damit lasse ich jedoch alle weiteren, die hinter diesem Bereich auftreten außer Acht, so dass ich auch auf diese Weise keine exakte Anzahl an Verszahlen bekomme, da ich ja immer nur Bezug zu bestimmten Multiplikatoren und Multiplikanden nehmen kann. Wenn ich z.B. bestimme, dass ich nur einen Multiplikatoren und einen Multiplikanden für eine Multiplikation zulasse, ist es möglich die Anzahl der ersten Multiplikationen aus den 22 Primzahlen größer gleich 7 des Bereichs bis 100 zu ermitteln. Dann fehlen mir jedoch alle Multiplikationen die aus Primzahlen entstehen, die größer als 100 sind, aber auch die Multiplikationen die Kombinationen aus welchen der ersten 22 Primzahlen größer gleich 7 und den Primzahlen nach dem Bereich 100 sind. Ebenso fehlen mir jene Kombinationen, die ich schon in dem ersten Problem besprochen habe, in denen mehrere gleiche Primzahlen als Multiplikatoren und Multiplikanden benutzt wurden, z.B. $7 \times 7 \times 11 = 539$, aber auch die wo mehrere verschiedene Multiplikatoren und Multiplikanden benutzt wurden, z.B. $11 \times 13 \times 17 = 2431$.

4.7.3 Problem 3: Wiederholung und Ausgrenzung

Das dritte Problem entsteht aus einer Kombination der ersten beiden Probleme.

Das Problem eine unendliche Anzahl an Multiplikatoren und Multiplikanden verwenden zu können, führt dazu, dass, viele Kombinationen zu der gleichen Verszahl führen. Je mehr Elemente man verwendet, umso mehr Kombinationen sind inhaltsgleich bzw. bilden die gleiche Verszahl.

Wenn ich z.B. mögliche Kombinationen aus drei Primzahlen ermitteln möchte, führen einige von diesen zu der gleichen Verszahl und andere bilden nur einmalig eine Verszahl. Bei $A = 7$, $B = 11$ und $C = 13$ führt z.B. nur die Kombination $A \times A \times A$ zur Verszahl 343. Zur Verszahl 1001 hingegen führen sechs Kombinationen, nämlich $A \times B \times C$, $A \times C \times B$, $B \times A \times C$, $B \times C \times A$, $C \times A \times B$ und $C \times B \times A$. Fünf Kombinationen müsste man daher außer Acht lassen. Doch allein aus A, B und C gibt es noch andere Kombinationsmöglichkeiten, nämlich jene, in denen ein Element doppelt benutzt wird, wie $A \times B \times B = B \times A \times B = B \times B \times A$ und jene, bei denen von drei Elemente nur zwei berücksichtigt werden dürfen, wie A x A oder B x C sowie jene Multiplikationen, in denen diese drei Elemente als Multiplikatoren und Multiplikanden beliebig oft verwendet werden, z.B. A x A x B x C x C x C.

Es ergibt sich somit die Konsequenz, dass manche Kombinationen einmalig in ihrer Art sind, wie A x A während andere vertauschbar sind, eben weil sie zu der gleichen Verszahl führen. Die Anzahl möglicher Multiplikationen ist dadurch höher als die Anzahl der tatsächlich durch diese Multiplikationen erscheinenden Verszahlen.

Ich hatte gesagt, dass das dritte Problem eine Kombination aus den ersten beiden ist. Der Grund liegt darin, weil das zweite Problem einen Sachverhalt hervorbrachte, der mir weniger Multiplikationen liefert, als die Anzahl der Verszahlen. Das zweite ist insofern ein umgedrehtes Problem zum ersten. Denn wenn ich nur bestimmte Primzahlen als Multiplikatoren und Multiplikanden verwende, fehlen mir die anderen Kombinationen, die diese mit den nicht berechneten Primzahl eingehen.

Das dritte Problem schafft daher einen Zwiespalt zwischen den ersten beiden Problemen. Untersuche ich einerseits alle Kombinationen ist deren Anzahl höher als die Verszahlen, die aus diesen Kombinationen entstehen. Untersuche ich andererseits nur bestimmte einmalige Kombinationen, fehlen mir dennoch andere, die Verszahlen hervorbringen. Das dritte Problem ist daher ein Problem der Bezugnahme. Auf der einen Seite müssen bestimmte Kombinationen aufgrund ihrer Vertauschbarkeit ausgeschlossen werden, wobei andere unbedingt mitberücksichtigt werden müssen.

Bei der Suche nach einer kombinatorischen Formel müssten die vorgestellten Probleme mitberücksichtigt werden. Es müsste eine Formel gefunden werden, die einerseits die Multiplikationen berücksichtigt, die einmalig zu einer Verszahl führen und all jene ausschließt, die zu der gleichen Verszahl führen. Wenn dies gelingen würde, würde man von der

Anzahl der Multiplikationen auf die Anzahl der Verszahl schließen können, die durch diese gebildet wurden. Doch dann hat man immer noch nur einen Wert an Verszahlen, der sich irgendwo im Zahlenteppich verteilt. Wenn ich z.B. das Primzahlenprodukt 49 (7 x 7) dem Primzahlenprodukt 9409 (97 x 97) gegenüberstelle, erkenne ich, dass die 49 den zweistelligen Zahlenbereich berührt, die 9409 aber bereits den vierstelligen. Obwohl die Multiplikatoren und Multiplikanden beider Produkte aus den ersten Primzahlen des Bereichs bis 100 stammen, verteilen sich ihre Produkte in verschieden mehrstellige Bereiche. Dies bedeutet, dass Kombinationen aus zwei Primzahlen des Bereichs bis 100 zwischen den zweistelligen und vierstelligen Zahlenbereichen als Verszahlen erscheinen. Das Problem ist aber, dass diese Kombinationen nicht alle Verszahlen abdecken, die in den drei- und vierstelligen Zahlenbereichen erscheinen. Denn im drei und vierstelligen Zahlenbereich erscheinen auch Verszahlen, die durch Primzahlen entstehen, die größer als 100 sind. Dazu gehören Verszahlen, die durch Kombinationen entstanden sind, in denen der Multiplikator aus Primzahlen bis 100 entstammt, der Multiplikand aber aus Primzahlen größer als 100 (z.B. 7 x 1427 = 9989). Berücksichtigt man wiederum Kombinationen zweier Primzahlen aus allen Primzahlen des dreistelligen Bereichs können dessen Produkte alle Bereiche vom zweistelligen bis sechsstelligen Bereich erreichen, z.B. 7 x 11 = 77, 23 x 41 = 943, 17 x 73 = 1241, 79 x 281 = 22199 oder 907 x 971 = 880.697. In diesen Bereichen erscheinen jedoch auch Verszahlen, die durch Kombinationen aus zwei und dreistelligen mit vierstelligen Primzahlen erzeugt wurden, wie z.B. 89 x 1061 = 94.429 oder 599 x 1621 = 970.979. Des weiteren spielt nicht nur der weit reichende Bereich eine Rolle, in denen sich die

Verzahlen verteilen, die durch Kombinationen aus zwei Primzahlen entstanden sind, sondern auch der Sachverhalt, dass zugleich in diesen Bereichen Verszahlen erscheinen, die Produkte aus mehreren Primzahlen sind, z.B. $7 \times 11 \times 13 = 1001$ oder $31 \times 31 \times 127 = 122.047$. Zu diesen Verszahlen kommt man nicht, wenn man nur Kombinationen aus zwei Primzahlen berücksichtigt.

Der Weg einer kombinatorischen Ermittlung, die von der Anzahl der möglichen Multiplikationen auf die Anzahl der Verszahlen schließen soll, ist schwer. Dennoch kann es zumindest gelingen eine Anzahl zu ermitteln, die zwar nicht alle aber bestimmte Doppelungen an Kombinationen, die zu Verszahlen führen einerseits ausschließt, andererseits jene Kombinationen involviert, die durch mehr als nur einem Multiplikator und Multiplikand gebildet werden.

4.8 Eingrenzung möglich gebildeter Verszahlen durch Kombinatorik

Um alle möglichen Kombinationen an Multiplikationen von einer bestimmten Anzahl an Primzahlen zu ermitteln, so auch jene, an denen mehr als ein Multiplikator und Multiplikand beteiligt ist, könnte man zunächst wieder Bezug auf die MP-Zahlen nehmen, denn die MP-Zahlen eines Bereichs enthalten einerseits alle Primzahlen dieses Bereichs, aber auch alle Primzahlprodukte ab 7 bzw. Verszahlen dieses Bereichs. Dies heißt, dass man sobald man die MP-Zahlen bis zu einer bestimmten Größe als Multiplikatoren und Multiplikanden in ihren Kombinationsmöglichkeiten errechnet, erhält man alle Kombinationen, die durch diese in einfacher Kombination mit nur einem Multiplikator und Multiplikand möglich sind. Der Nachteil sind die zahlreichen Doppelungen an Verszahlen, gebildet durch vertauschbare Kombinationen und die Tatsache, dass sich diese Kombinationen in unterschiedlich mehrstelligen Bereichen verteilen. Der

Vorteil, der dadurch entsteht ist, dass man keine Kombinationsmöglichkeit außer Acht lässt, die durch diese möglich wird und man sich nicht auf Kombinationen beziehen muss, in denen es mehr als einen Multiplikator und einen Multiplikanden gibt. Wenn ich nämlich die Kombinationen aus den ersten 25 MP-Zahlen untersuche, enthalten diese vorerst auch schon mal einige der dreigliedrigen und teils viergliedrigen Kombinationen. Das ist immer dann der Fall, wenn eine Primzahl eine Kombination mit einer Verszahl eingeht oder aber wenn eine Verszahl eine Kombination mit einer Verszahl eingeht. Insgesamt lässt sich durch die kombinatorische Formel n^k die Anzahl der Kombinationen aller 25 MP-Zahlen-Multiplikatoren mit den 25 MP-Zahlen-Multiplikanden ermitteln. Wenn ich die Spiralbahn in Erinnerung rufe, kommt jeder Primzahl-Multiplikator-Läufer auch nur einmal an jedem Primzahl-Multiplikanden-Hindernis vorbei. Wenn ich jetzt auch die drei Verszahlen bis 100, nämlich 49, 77 und 91 sowohl als Verszahlen-Multiplikator-Läufer als auch als Verszahlen-Multiplikanden-Hindernis mit in die Spiralbahn aufnehme, wird keine Kombination außer Acht gelassen, die durch die ersten 25 MP-Zahlen zu einer Verszahl führt. Auf der Spiralbahn kommen jetzt auch die Primzahl-Multiplikator-Läufer an den Verszahl-Hindernissen vorbei und umgekehrt treffen die Verszahl-Multiplikator-Läufer auf die Primzahl-Multiplikanden-Hindernisse.

Wenn also ein Primzahl-Multiplikator-Läufer auf ein Verszahl-Multiplikanden-Hindernis trifft, dann bedeutet es eigentlich, dass es an dieser Stelle zu einer aus drei Multiplikatoren bzw. Multiplikanden gebildeten Verszahl kommt. Die 22 ersten Primzahl-Multiplikatoren gehen somit die Kombinationen mit 7 x 7 (49), 7 x 11 (77) und 7 x 13 (91) ein. Hier kommt es schon zu doppelt gebildeten Verszahlen. Wenn z.B. die 7 auf die 77 trifft, dann entsteht die

104

gleiche Verszahl, wie wenn die 11 auf die 49 trifft, denn beide Gleichungen lassen sich in die nach dem Kommutativgesetz vertauschbaren Faktoren 7 x 7 x 11 zerlegen. Andere Doppelungen entstehen auch, wenn eine Verszahl auf eine Verszahl trifft. Wenn die 49 auf die 49 trifft, dann entsteht die gleiche Verszahl, wie wenn die 7 auf die 343 trifft. Die letztere Kombination betrifft zwar noch nicht die Kombinationen der ersten 25 MP-Zahlen, aber wenn ich die Kombinationen aus den MP-Zahlen des Bereichs bis 1000 später ermittle, dann tritt diese Kombination in Kraft. Nichts desto trotz, möchte ich zunächst einmal die Doppelungen außer Acht lassen und mich auf die maximale Anzahl an Kombinationsmöglichkeiten beschränken. Erst später möchte ich versuchen, diese einzugrenzen.

In Verwendung der kombinatorischen Formel n^k stehen die 25 MP – Zahlen für n und da ich die Bedingung gesetzt habe, dass ich nur Multiplikationsgleichungen mit je einem Multiplikator und einem Multiplikand verwende, stehen eben diese zwei für k.

Daraus ergibt sich die Gleichung $25^2 = 625$.

Aus den ersten 25 MP-Zahlen lassen sich somit maximal 625 Kombinationen bilden, in denen je ein Multiplikator auf einen Multiplikanden trifft. Wenn ich die gleiche kombinatorische Formel auf die ersten 265 MP-Zahlen des Bereichs bis 1000 anwende, erhalte ich $265^2 = 70.225$ Kombinationen. Bei den ersten 2665 MP-Zahlen des Bereichs bis 10.000 sind es dann $2665^2 = 7.102.225$ Kombinationen, bei den ersten 26.665 MP - Zahlen des Bereichs bis 100.000 sind es $26.665^2 = 711.022.225$ Kombinationen u.s.f.

Ich hatte bereits gezeigt, dass die Gesamtanzahl der MP-Zahlen pro neuem Dezimalbereich auf eine kuriose Weise zunimmt. Die Anzahl erweitert sich im Zahlenaufbau um eine Ziffer mit der Zahl 6 im mittleren Bereich, wobei die erste Ziffer immer eine 2 und die letzte Ziffer eine 5 ist. Auch die Gesamtanzahl der Kombinationen erweitert sich im Zahlenaufbau auf eine kuriose Weise. Diese Zahl vergrößert sich mit einem neuen Dezimalbereich um zwei Ziffern. Man könnte sagen, dass als zweite Ziffer immer eine 1 dazu kommt und als vorletzte Ziffer immer eine 2. Dadurch lässt sich auch ohne Rechenoperationen die Kombinationsanzahlen der MP-Zahlen aus den nächsten Dezimalbereiche voraussagen:

$$71.110.222.225$$

$$7.111.102.222.225$$

$$711.111.022.222.225$$

Während sich von der ersten ermittelten Kombinationsanzahl von 625 zu der nächst ermittelten Kombinationsanzahl von 70.225 der Wert noch um das 112,36 fache vergrößert hat, vergrößert sich die Anzahl von 70.225 zu 7.102.225 nur noch um das 101,13… fache. Von 7.102.225 zu 711.022.225 ist es nur noch das 100,11…fache und von 711.022.225 zu 71.110.222.225 ist es nur noch das 100,01…fache.

Als nächstes möchte ich einen Blick auf die Bereiche werfen, in denen sich diese Kombinationen verteilen.

Die ersten 25 MP-Zahlen sind 1 bis 2stellig. Die kleinste MP-Zahl ist die 7 und die größte MP-Zahl ist die 97, eine Primzahl. Dies heißt, dass die kleinste Verszahl, die aus der Kombination 7 x 7 gebildet wird, nämlich 49, den 2stelligen Bereich berührt, wobei die größtmögliche Verszahl, die aus der Kombination 97×97 gebildet wird, nämlich 9.409, den 4stelligen Bereich berührt. Kombinationen mit nur einem Multiplikator und einem Multiplikanden, die zu Verszahlen aus den ersten 25 MP-Zahlen führen, verteilen sich somit auf die Räume von 2 bis 4stelligen Bereichen.

Die ersten 265 MP-Zahlen sind 1 bis 3stellig. Die kleinste MP-Zahl ist wieder die 7 und die kleinste Verszahl ist wieder die 49. Die größte MP-Zahl ist hier die 997 und die größte Verszahl, die aus 997×997 gebildet wird, ist die 994.009. Dies heißt, dass sich die Verszahlen, die aus Kombinationen der ersten 265 MP-Zahlen untereinander gebildet wurden, auf die Räume 2 bis 6stelliger Bereiche verteilen.

Verszahlen, gebildet aus Kombinationen der ersten 2665 MP-Zahlen untereinander, erreichen schon Räume in 8stelligen Bereichen, die ersten 26.665 hingegen schon Räume in 10stelligen Bereichen u.s.f.

Meine nächste Frage wird daher sein, ob sich die Bereiche, in denen sich die gebildeten Kombinationen verteilen, besser bestimmen lassen. Bisher hatte ich immer die Kombinationen der gesamten MP-Zahlen eines Bereichs ermittelt. In Kapitel 4.2 hatte ich bereits besprochen, dass im Bereich bis 100 die ersten 25 MP-Zahlen erscheinen. Danach kommen pro Bereich mit dem Intervall von 10^n bis 10^{n+1} insgesamt $24 \times 10^{n-1}$ neue MP-Zahlen hinzu. Die 265 MP-Zahlen des Bereichs von 1 bis 1000 teile ich somit in die 25 ersten MP-Zahlen und die 240 neuen MP-Zahlen.

In dieser Betrachtungsvariante muss man andere kombinatorische Prozesse mitberücksichtigen.

Es kombinieren sich erstens die 25 MP-Zahlen mit den 25 MP-Zahlen untereinander, zweitens kombinieren sich die 25 MP – Zahlen mit den 240

MP-Zahlen und drittens kombinieren sich die 240 MP – Zahlen mit den 240 MP-Zahlen.

Die Kombinationen der ersten 25 MP-Zahlen als Multiplikator mit den 25 ersten MP-Zahlen als Multiplikand verteilen sich auf die Räume 2 bis 4stelliger Bereiche.

Die Kombinationen der ersten 25 MP-Zahlen als Multiplikator mit den 240 neuen MP-Zahlen als Multiplikand verteilen sich auf die Räume 3 bis 5stelliger Bereiche.

Die Kombinationen der 240 neuen MP-Zahlen als Multiplikator mit den 240 neuen MP-Zahlen als Multiplikand verteilen sich auf die Räume 5 bis 6stelliger Bereiche.

Im nächsten Intervall von 1.000 bis 10.000 kommen 2.400 neue MP-Zahlen hinzu. Dies bedeutet drei weitere kombinatorische Prozesse.

Die Kombinationen der ersten 25 MP-Zahlen als Multiplikator mit den 2.400 MP-Zahlen des Bereichs 1.000 bis 10.000 als Multiplikand verteilen sich auf die Räume 4 bis 6stelliger Bereiche.

Die Kombinationen der 240 MP-Zahlen des Bereichs 100 bis 1.000 als Multiplikator mit den 2.400 neuen MP-Zahlen des Bereichs 1.000 bis 10.000 als Multiplikand verteilen sich auf die Räume 6 bis 7stelliger Bereiche.

Die Kombinationen der 2.400 neuen MP-Zahlen des Bereichs 1.000 bis 10.000 als Multiplikator mit den gleichen 2.400 neuen MP-Zahlen als Multiplikand verteilen sich auf die Räume 7 bis 8stelliger Bereiche.

Dadurch dass sich die jeweils neuen MP-Zahlen eines Intervalls nicht nur untereinander, sondern auch mit den jeweiligen MP-Zahlen vorheriger

Intervalle kombinieren, erhöht sich auch pro neuem Intervall die Anzahl der kombinatorischen Prozesse. Bei den 24.000 neuen MP-Zahlen des Bereich 10.000 bis 100.000 kommen vier weitere kombinatorische Prozesse hinzu, bei den 240.000 neuen MP-Zahlen des Bereichs 100.000 bis $1.000.000$ sind es dann fünf weitere kombinatorische Prozesse u.s.f.

Die folgende Tabelle zeigt die Bereiche, in denen die unterschiedlichen Kombinationen Verszahlen bilden.

	25	240	2.400	24.000	240.000
25	2 bis 4	3 bis 5	4 bis 6	5 bis 7	6 bis 8
240	3 bis 5	5 bis 6	6 bis 7	7 bis 8	8 bis 9
2.400	4 bis 6	6 bis 7	7 bis 8	8 bis 9	9 bis 10
24.000	5 bis 7	7 bis 8	8 bis 9	9 bis 10	10 bis 11
240.000	6 bis 8	8 bis 9	9 bis 10	10 bis 11	11 bis 12

Die Tabelle zeigt, dass es schwierig sein dürfte einen Schnitt zu machen, um sagen zu können, wie viele von den jeweiligen Kombinationen sich auf welche Bereiche verteilen.

Doch jetzt möchte ich mich wieder der Anzahl an jeweiligen Kombinationen zuwenden.

Mit der kombinatorische Formel n^k hatte ich eine Gesamtanzahl ermittelt, die bestimmte im Sinne des Kommutativgesetzes vertauschbare Kombinationen nicht ausgeschlossen hat. Die durch die Formel ermittelte Anzahl führte mich zu der maximalen Anzahl an Kombinationen, hat aber noch keine Kombinationen ausgeschlossen, die zu gleichen Verszahlen führen. Dass es generell schwierig ist, alle Kombinationen auszuschließen, die zu gleichen Verszahlen führen, hatte ich bereits gezeigt. Doch mit einer weiteren kombinatorischen Formel lassen sich zumindest bestimmte

Doppelungen ausschließen. Wenn sich 25 MP-Zahlen untereinander kombinieren und man nur jene Kombinationen berücksichtigt, in denen es einen Multiplikator und einen Multiplikanden gibt, dann führt uns die Formel n^k zu 625 Kombinationen. Davon führen aber verschiedene zu der gleichen Verszahl. Die erste MP-Zahl, die 7, kombiniert sich als Multiplikator mit den 25 MP-Zahlen als Multiplikanden. Ebenso kombiniert sich die zweite MP-Zahl, die 11, mit den 25 MP-Zahlen als Multiplikanden. Da die 7 sich bereits mit der 11 kombiniert hat, wiederholt sich in der Kombination der 11 mit der 7 bereits eine Verszahl, nämlich die 77. Nehme ich die dritte MP-Zahl, die 13, mit ins Spiel kommt es schon zu zwei sich wiederholenden Verszahlen. Die erste ist die 91, denn wenn 13 sich mit 7 kombiniert, führt dies zur gleichen Verszahl, wie die Kombination der 7 mit der 13. Die zweite sich wiederholende Verszahl ist die 143, da auch die Kombination 13 x 11 eine vertauschte Kombination der 11 x 13 ist. Das Spiel geht ähnlich weiter mit der vierten MP-Zahl, der 17, wiederholen sich drei Kombinationen, da sie bereits mit 7, 11 und 13 eine Verszahl gebildet hat, bei der 19 wiederholen sich vier Kombinationen, bei der 23 wiederholen sich fünf Kombinationen u.s.f.

Jede nächste MP-Zahl impliziert eine sich wiederholende Kombination mehr als die vorherige MP-Zahl. Daher könnte man auch für die Ermittlung der Kombinationsanzahl mit Ausschluss dieser Wiederholungen bzw. vertauschbaren Kombinationen 25 + 24 + 23 + 22 + 21 + 20 + 19 + 18 + 17 + 16 + 15 + 14 + 13 + 12 + 11 + 10 + 9 + 8 + 7 + 6 + 5 + 4 + 3 + 2 + 1 = 325 rechnen. Eine solche Berechnung ist natürlich sehr aufwendig, vor allem dann, wenn es um die Ermittlung der

Kombinationsanzahl nächster Bereiche geht. Zum Glück gibt es für die Ermittlung eine kombinatorische Formel, die diese Rechenoperation vereinfacht. Mit der folgenden Formel $\binom{n+k-1}{k}$, (gesprochen: n + k − 1 über k), berechnet man die Anzahl der kombinatorischen Möglichkeiten, die sich durch den Ausschluss der vertauschbaren Kombinationen ergeben. Andererseits impliziert diese Formel alle Kombinationen, in denen der gleiche Multiplikator wie der Multiplikand verwendet wurde. Somit werden jene Kombinationen, in denen z.B. der MP-Zahlen Multiplikator 7 auf den MP-Zahlen Multiplikanden 7 trifft, nicht außer Acht gelassen. In der Formel steht n für die Anzahl jeweiliger MP-Zahlen und k steht für die Anzahl der Elemente. In meinen Berechnungen beträgt die Anzahl der Elemente immer 2, eben weil ich mich auf jene Kombinationen beziehe, in denen nur ein Multiplikator und ein Multiplikand verwendet wird.

Die Formel $\binom{n+k-1}{k}$ ist weiter definiert als $\binom{n+k-1}{k} = \dfrac{(n+k-1)!}{(n-1)!\,k!}$, so dass auch mit der mathematischen Funktion „Fakultät" (!) gerechnet wird. Die Rechenoperation der Kombinationen von den ersten 25 MP-Zahlen untereinander verläuft dann für n = 25 und k = 2 wie folgt:

$$\binom{n+k-1}{k} = \binom{25+2-1}{2} = \frac{(25+2-1)!}{(25-1)!\,2!} = \frac{26!}{24!\,2!}$$

Die Fakultät einer Zahl errechnet man, indem man dass Produkt aus allen natürlichen Zahlen bildet, die kleiner und gleich des Werts der Fakultät sind. Die Rechenoperation von 2! sieht z.B. wie folgt aus:

2! = 1 x 2 = 2

Die Rechenoperation von $5!$ sieht hingegen so aus:

$5! = 1 \times 2 \times 3 \times 4 \times 5 = 120$

Für $\dfrac{26!}{24!2!}$ würde der lang ausgeschriebene Bruch daher wie folgt aussehen:

$$\frac{1x2x3x4x5x6x7x8x9x10x11x12x13x14x15x16x17x18x19x20x21x22x23x24x25x26}{1x2x3x4x5x6x7x8x9x10x11x12x13x14x15x16x17x18x19x20x21x22x23x24x1x2!}$$

Durch Kürzen des Bruchs erhält man daher nachfolgend

$$\frac{25x26}{1x2} = \frac{650}{2} = 325$$

Es zeigt sich, dass sich im Verhältnis zu der Formel n^k, die mir die Kombinationsanzahl ungeachtet jener im Sinne des Kommutativgesetzes vertauschbaren Kombinationen, mit der Formel $\binom{n+k-1}{k}$ für $n = 25$

schon einmal 300 Kombinationen ($n^k - \binom{n+k-1}{k} = 25^2 - \binom{25+2-1}{2} =$

$625 - 325 = 300$) ausschließen lassen, eben weil diese zu gleichen Verszahlen führen. Die Anzahl der Kombinationen mit Ausschluss vertauschbarer Kombinationen, die die 240 neuen MP-Zahlen untereinander eingehen lässt sich ebenso mit der Formel $\binom{n+k-1}{k}$ wie folgt errechnen:

$$\binom{n+k-1}{k} = \binom{240+2-1}{2} = \frac{(240+2-1)!}{(240-1)!2!} = \frac{241!}{239!2!} = \frac{240 \times 241}{1 \times 2} =$$

$$\frac{57840}{2} = 28.920$$

Mit den zuvor errechneten 25 Kombinationen der ersten 25 MP-Zahlen und den 28.920 Kombinationen der 240 neuen MP-Zahlen habe ich allerdings noch nicht die Anzahl der Kombinationen, die jene 265 MP-Zahlen $(25 + 240)$ miteinander eingehen, sondern nur die jeweiligen, die sie untereinander eingehen (25 mit 25 und 240 mit 240). Für die Berechnung der Kombinationen, die die 25 ersten MP-Zahlen mit die 240 neuen MP-Zahlen miteinander eingehen, brauche ich nicht die Formel

$\binom{n+k-1}{k}$ verwenden. Es genügt die 25 mit den 240 MP-Zahlen zu

multiplizieren. Dies liegt daran, weil die ersten 25 mit den 240 nicht identisch sind, ein Ausschluss vertauschbarer Kombinationen daher nicht erforderlich ist. Es gibt unter den ersten 265 MP-Zahlen daher noch zusätzliche $25 \times 240 = 6000$ Kombinationen. Wenn ich jetzt die jeweiligen Anzahlen addiere, erhalte ich die Gesamtanzahl der Kombinationen, die durch die ersten 265 MP-Zahlen nicht im Sinne des Kommutativgesetzes vertauschbar sind und zumindest einige der Kombinationen, die zu gleichen Verszahlen führen, ausschließen.

Ich rechne also $325 + 6.000 + 28.920 = 35.245$. Zu der gleichen Gesamtanzahl komme ich auch, wenn ich $n = 265$ in die Formel

$$\binom{n+k-1}{k} \text{ einsetze:} \quad \binom{n+k-1}{k} = \binom{265+2-1}{2} = \frac{(265+2-1)!}{(265-1)!2!} =$$

$$\frac{266!}{264!2!} = \frac{265x266}{1x2} = \frac{70490}{2} = 35.245.$$

Die folgende Tabelle zeigt die Anzahl, die durch unterschiedliche als nicht vertauschbar besprochene Kombinationen in den jeweiligen mehrstelligen Bereichen möglich werden.

	25	240	2.400	24.000	240.000
25	325	6.000	60.000	600.000	6.000.000
	2 bis 4	3 bis 5	4 bis 6	5 bis 7	6 bis 8
240	6.000	28.920	576.000	5.760.000	57.600.000
	3 bis 5	5 bis 6	6 bis 7	7 bis 8	8 bis 9
2.400	60.000	576.000	2.881.200	57.600.000	576.000.000
	4 bis 6	6 bis 7	7 bis 8	8 bis 9	9 bis 10
24.000	600.000	5.760.000	57.600.000	288.012.000	5.760.000.000
	5 bis 7	7 bis 8	8 bis 9	9 bis 10	10 bis 11
240.000	6.000.000	57.600.000	576.000.000	5.760.000.000	28.800.120.000
	6 bis 8	8 bis 9	9 bis 10	10 bis 11	11 bis 12

Die nächste Tabelle stellt die durch n^k und $\binom{n+k-1}{k}$ ermittelten Kombinationen gegenüber. Die Differenz zwischen beiden Kombinationsanzahlen zeigt an, wie viele Kombinationen durch $\binom{n+k-1}{k}$ ausgeschlossen werden konnten, eben weil sie zu gleichen Verszahlen führen. Außerdem stellt die Tabelle die Verhältnisse der Zunahmen der Kombinationsanzahlen von einem Bereich zum nächsten sowohl für n^k als auch für $\binom{n+k-1}{k}$ gegenüber. Es zeigt sich, dass die Zunahme auf leicht

über das Hundertfache der zuvor ermittelten Kombinationsanzahl zugeht. Das Hundertfache wird zwar nicht unterschritten aber auch nicht deutlich überschritten. Es pendelt sich eine recht überschaubare Kombinationsanzahlzunahme ein. Dies liegt natürlich daran, weil auch die Zunahme der MP-Zahlen pro neuem Dezimalbereich sich geordnet und voraussagbar verhält. Es ist zwar nicht verwunderlich, es zeigt aber deutlich, dass Kombinationen durchaus strukturiert Räume neuer Bereiche füllen. Wenn sich dies für die maximale Anzahl an Kombinationsmöglichkeiten von je einem MP-Zahlen-Multiplikator mit einem MP-Zahlen-Multiplikanden so verhält, dann gilt dies auch für Kombinationen, die aus mehr als einem Multiplikator und einem Multiplikanden bestehen.

Anzahl MP-Zahlen bis 10^n	n^k	$\binom{n+k-1}{k}$	Differenz zwischen n^k und $\binom{n+k-1}{k}$	Multiplikator des vorherigen Bereichs bei n^k	Multiplikator des vorherigen Bereichs bei $\binom{n+k-1}{k}$
25 bis 10^2	625	325	300		
265 bis 10^3	70.225	35.245	34980	112,36	108,44...
2.665 bis 10^4	7.102.225	3.552.445	3.549.780	101,13...	100,79...
24.000 bis 10^5	711.022.225	355.524.445	355.497.780	100,11...	100,14...

Ich hatte ja schon gezeigt, dass Kombinationen, die aus mehr als einem Multiplikator und einem Multiplikanden bestehen, in den durch zwei Elementen errechneten Kombinationsmöglichkeiten enthalten sind. Auch wenn die Produkte daraus bzw. Verszahlen erst in einem späteren Bereich wirksam werden, lasse ich sie insofern nicht außer Acht, eben weil ich mit der Kombination von MP-Zahlen, die Kombinationen zwischen Primzahlen und Verszahlen auch als Kombinationen aus Primzahlen mit Primzahlprodukten beschreiben kann. Somit ist in der zweigliedrigen Kombination 7 x 49 auch die dreigliedrige Kombination 7 x 7 x 7 enthalten. Dies heißt zwar nicht, dass ich mit der Errechnung von den 325 Kombinationsmöglichkeiten auch alle dreigliedrigen Kombinationen der ersten 22 Primzahlen enthalten habe. Darin sind nur bestimmte involviert. Dreigliedrige Kombinationen der ersten 22 Primzahlen füllen Räume von dreistelligen Bereichen $(7 \times 7 \times 7 = 343)$ bis hin zu Räumen sechsstelliger Bereiche $(97 \times 97 \times 97 = 912.673)$. Dies bedeutet, dass die dreigliedrigen Kombinationen der ersten 22 Primzahlen innerhalb der Anzahlen zweigliedriger Kombinationsmöglichkeiten, die die Räume zwischen drei- und sechsstelligen Bereichen füllen, involviert sind. Die Kombination $97 \times 97 \times 97$ kann ich insofern außer Acht lassen, weil diese, wenn es um die Ermittlung der Kombinationsanzahl der ersten 2665 MP-Zahlen geht in 97×9409 enthalten sein wird, da $9407 = 97 \times 97$ ist.

Im folgenden zeigt sich, dass es noch ein gewaltiges Potential an Kombinationen gibt, die zu gleichen Verszahlen führen, die ich noch nicht ausschließen konnte, obwohl ich mich auf nur einen Multiplikator und einen Multiplikanden beschränkt habe. Um weitere Kombinationsmöglichkeiten, die zu gleichen Verszahlen führen, ausschließen zu können, reicht es leider nicht aus, wenn man nur Bezug zu den MP-Zahlen nimmt. Ein weiterer Ausschluss setzt das Wissen über die Anzahl von Primzahlen oder von Verszahlen eines Bereiches voraus. Wenn man eine der beiden Anzahlen weiß, lässt sich die jeweilige andere durch Subtraktion von der Anzahl der MP-Zahlen dieses Bereichs ermitteln.

Die nachfolgende Tabelle zeigt die Anzahl der Primzahlen ab 7 und der Verszahlen für die jeweiligen Dezimalbereiche bis 10^{22}.[1]

	Anzahl der Primzahlen ab 7	Anzahl der Verszahlen
bis 10^2	22	3
bis 10^3	165	100
bis 10^4	1.226	1.439
bis 10^5	9.589	17.076
bis 10^6	78.495	188.170
bis 10^7	664.576	2.002.089
bis 10^8	5.761.452	20.905.213
bis 10^9	50.847.531	215.819.134
bis 10^{10}	455.052.508	2.211.614.156
bis 10^{11}	4.118.054.810	22.548.611.855
bis 10^{12}	37.607.912.015	229.058.754.650
bis 10^{13}	346.065.536.836	2.320.601.129.829
bis 10^{14}	3.204.941.750.799	23.461.724.915.866
bis 10^{15}	29.844.570.422.666	236.822.096.243.999
bis 10^{16}	279.238.341.033.922	2.387.428.325.632.743
bis 10^{17}	2.623.557.157.654.230	24.043.109.509.012.435
bis 10^{18}	24.739.954.287.740.857	241.926.712.378.925.808

---

[1] Anzahl der Primzahlen. Zit. n. http://www.mathe-schule.de/download/pdf/Primzahl/Anzahl_der_Primzahlen.pdf. (6.08.2011)

bis 10^{19}	234.057.667.276.344.604	2.432.608.999.390.322.061
bis 10^{20}	2.220.819.602.560.918.837	24.445.847.064.105.747.828
bis 10^{21}	21.127.269.486.018.731.925	245.539.397.180.647.934.740
bis 10^{22}	201.467.286.689.315.906.287	2.465.199.379.977.350.760.378

Im Bereich bis 10^2 stehen 22 Primzahlen den drei Verszahlen gegenüber. Die Anzahl der kombinatorischen Möglichkeiten für die 22 Primzahlen untereinander errechne ich mit der kombinatorischen Formel $\binom{n+k-1}{k}$.

Für n=22 erhalte ich 253 Kombinationen. Die Anzahl der kombinatorischen Möglichkeiten für die 22 Primzahlen mit den 3 Verszahlen errechne ich, indem ich das Produkt aus den beiden jeweiligen Anzahlen bilde. Daher ist diese Anzahl der kombinatorischen Möglichkeiten 22 x 3 = 66. Die dritte Berechnung bezieht sich auf die kombinatorischen Verszahlen untereinander. Sie wird wieder mit der Formel $\binom{n+k-1}{k}$ errechnet. Für n=3 erhalte ich somit 6 Kombinationen. Auf diese sechs Kombinationen möchte ich ein besonderes Augenmerk richten. Es sind die Kombinationen 49 x 49 = 2401, 49 x 77 = 3773, 49 x 91 = 4459, 77 x 77 = 5929, 77 x 91 = 7007 und 91 x 91 = 8281. Das besondere an den Kombinationen von Verszahlen mit Verszahlen ist, dass sie sich auch in Kombinationen von Primzahlen mit Verszahlen zerlegen lassen. So ist 49 x 49 = 7 x 343. Andere Kombinationen, dessen Verszahlen sich in verschiedene Faktoren zerlegen lassen, schaffen sogar noch mehr als nur eine weitere Kombination aus Primzahlen mit Verszahlen. Da 77 = 7 x 11 ist, lässt sich 77×77 sowohl in 11×539 beschreiben, da $539 = 7 \times 7 \times 11$ ist, als auch in 7×847, weil $847 = 7 \times 11 \times 11$ ist. Ebenso lässt sich diese Kombination in eine weitere Kombination zwischen zwei Verszahlen ausdrücken, nämlich in 49×121, da $49 = 7 \times 7$ und $121 = 11 \times 11$ ist. Zur 5929 führen somit bereits vier Kombinationen, obwohl nicht mit vertauschbaren Multiplikatoren operiert wurde. Zwei dieser Kombinationen werden auf jeden Fall in der Anzahl jener enthalten sein, wenn man die Kombinationen aus den ersten 22 Primzahlen bis 10^2 mit den 100 Verszahlen bis 10^3 ermittelt. Noch mehr Kombinationen sind in 77×91 involviert, da man sie in $7 \times 7 \times 11 \times 13$ zerlegen kann. Dies heißt, dass $7 \times (7 \times 11 \times 13)$, $11 \times (7 \times 7 \times 13)$ und $13 \times (7 \times 7 \times 11)$ sich in die Primzahl-Verszahl Kombinationen umwandeln lassen, wie 7×1001, 11×637, 13×539, aber auch in die weitere Verszahl-Verszahl Kombination 49×143, gebildet aus $(7 \times 7) \times (11 \times 13)$.

Die oben errechneten sechs Kombinationen der drei ersten Verszahlen untereinander führen zu gleichen Verszahlen, wenn man spätere Kombinationsanzahlen zwischen Primzahlen und Verszahlen ermittelt. Insofern kann man sie zunächst außer Acht lassen, da es mir ja darum geht, einen kombinatorischen Wert zu ermitteln, der möglichst viele Kombinationen ausschließt, die zu gleichen Verszahlen führen.

Ich hatte bereits berechnet, dass sich aus den 25 ersten MP-Zahlen untereinander maximal 325 Kombinationen ergeben, die nicht zu gleichen Verszahlen führen. Dass der tatsächliche Wert unter dieser Zahl liegt, suggerieren die vorherigen Beispiele. Ich hatte jetzt auch diese 25 MP-Zahlen in 22 Primzahlen ab 7 und in 3 Verszahlen aufgeteilt und dessen

Kombinationen zueinander ermittelt. Die Summe aus den 253 Kombinationen Primzahl-Primzahl, den 66 Kombinationen Primzahl-Verszahl und den 6 Kombinationen Verszahl-Verszahl, ergibt die 325 Kombinationen jener 25 MP-Zahlen. Wenn ich jetzt die 6 Verszahl-Verszahl Kombinationen von den 325 MP-Zahl-MP-Zahl Kombinationen subtrahiere, bleiben mir noch maximal 319 Kombinationen, die zu unterschiedlichen Verszahlen führen können. Die sechs Verszahl-Verszahl Kombinationen sind in den 319 zwar noch nicht involviert, da sie sich erst mit späteren Kombinationen in gleichen Verszahlen wiederholen, aber wenn ich in diesem Prinzip weiter fortfahre, entdecke ich, dass die Verszahl-Verszahl-Kombinationen einen zunehmend hohen Stellenwert in der Kombinatorik einnehmen, da die Anzahl der Verszahlen in höheren Bereichen im Verhältnis zu den Primzahlen stärker zunimmt. Dies bedeutet, dass es für Zahlen aus einem Bereich für einen späteren Bereich ein Mehr an sich wiederholenden Kombinationen gibt, die zu gleichen Verszahlen führen.

Dies zeigt auch die nachfolgende Tabelle, die bis zum Bereich 10^7 aus den jeweiligen Gesamtanzahlen von Primzahlen ab 7 und Verszahlen die verschiedenen Gesamtanzahlen an Kombinationen auflistet. Die Abkürzung MPK steht für die gesamte MP-Zahl-MP-Zahl Kombinationsanzahl. PPK steht für die Primzahl-Primzahl Kombinationsanzahl, PVK für die Primzahl-Verszahl Kombinationsanzahl und VVK für die Verszahl-Verszahl Kombinationsanzahl. Dabei ist MPK = PPK + PVK + VVK.

	Prim-zahlen ab 7	Verszahlen	MPK	PPK	PVK	VVK
10^2	22	3	325	253	66	6
10^3	165	100	35.245	13.695	16.500	5.050
10^4	1.226	1.439	3.552.445	752.151	1.764.214	1.036.080
10^5	9.589	17.076	355.524.445	45.979.255	163.741.764	145.803.426
10^6	78.495	188.170	35.555.244.445	3.080.771.760	14.770.404.150	17.704.068.535
10^7	664.576	2.002.089	3.555.552.444.445	220.830.962.176	1.330.540.299.264	2.004.181.183.005

Es zeigt sich, dass sich das Verhältnis von Anzahlen jeweiliger Kombinationen im Verlauf verändert. Unter den Kombinationen, die aus den ersten 25 MP-Zahlen möglich werden, nehmen den größeren Anteil die Primzahl-Primzahl-Kombinationen ein. Bereits bis zum Bereich 10^3 hat sich das Blatt gewendet. Jetzt wird der größere Anteil unter den Primzahl-Verszahl-Kombinationen ausgemacht. Doch auch dies schlägt bis zum Bereich 10^6 um. Bis zu diesem Bereich übertreffen die Verszahl-Verszahl-Kombinationen sowohl jene zwischen Primzahlen als auch jene zwischen Primzahlen mit Verszahlen.

Ich hatte bereits gezeigt, dass die Verszahl-Verszahl Kombinationen in Form durch spätere Primzahl-Verszahl Kombinationen zu gleichen Verszahlen führen. Einmalige Verszahlen werden hingegen durch die Primzahl-Primzahl-Kombinationen gebildet. Doch was heißt es, wenn ihr Anteil geringer wird?

Die Frage dürfte schwierig zu beantworten sein. Dies liegt daran, weil die verschiedenen Kombinationen verschiedene Bereiche berühren in denen bereits auch andere Kombinationen wirken.

Ich möchte dies am nachfolgenden Beispiel deutlich machen.

Im Bereich bis 10^{11} teilen sich

26.666.666.665 MP-Zahlen in

22.548.611.855 Verszahlen und

  4.118.054.810 Primzahlen auf.

Bei den unterschiedlichen Kombinationen fallen

355.555.555.524.444.444.445 auf den MPK.

    8.479.187.711.141.095.455 auf den PPK.

  92.856.419.508.305.772.550 auf den PVK und

254.219.948.304.997.5776.440 auf den VVK.

Die MPK – Kombinationen bzw. die Kombinationen PPK + PVK + VVK der Zahlen aus den Bereichen bis 10^{11} berühren Räume in Bereichen bis 10^{22}.

Im Bereich bis 10^{22} teilen sich

2.666.666.666.666.666.666.665 MP-Zahlen in

2.465.199.379.977.350.760.378 Verszahlen und

  201.467.286.689.315.906.287 Primzahlen auf. Selbst wenn alle MPK-Kombinationen aus den MP-Zahlen des Bereichs bis 10^{11} zu unterschiedlichen Verszahlen führen würde, nehmen diese doch nur einen geringen Teil von den Verszahlen ein, die bis 10^{22} erscheinen. Dies sieht man, wenn man die Zahlen untereinander schreibt.

2.465.199.379.977.350.760.378 Verszahlen in 10^{22}.

  355.555.555.524.444.444.445 MPK-Kombinationen aus 10^{11}. Dadurch, dass aber bestimmte nachfolgende MPK-Kombinationen aus Bereichen von 10^{12} bis 10^{22} ebenso an der Bildung der 2.465.199.379.977.350.760.378 Verszahlen in 10^{22} beteiligt sind, lässt sich nicht sagen, wie viele und welche sich in den Räumen vor 10^{22}

verteilen und welche erst nach 10^{22} wirksam werden. Es nutzt auch nichts die VVK Kombinationen auszuschließen. Dann würden

2.465.199.379.977.350.760.378 Verszahlen in 10^{22} zu

101.335.607.219.446.868.005 PPK + PVK - Kombinationen aus 10^{11} stehen. Die VVK Kombinationen aus 10^{11} führen zu doppelten Verszahlen. Die Zahlen, die sie bilden erscheinen später noch aus Kombinationen des PVK größerer Bereiche als 10^{11}. Das Wegstreichen nützt dann insofern nichts, weil die Anzahl dieser PVKs schon größer ist als die Verszahlen, die bis 10^{22} erscheinen. Dass diese Zahl größer ist hat zwei Ursachen. Die eine ist, dass die Anzahl der PVKs nicht der tatsächlichen Größe entspricht. Denn aus den PVK Kombinationen werden ebenso zahlreiche doppelte Verszahlen gebildet. Die zweite Ursache ist, dass Kombinationen aus 10^{12} bis in Räume des Bereichs bis 10^{24} erscheinen. Aus diesen Kombinationen erfüllt sich demzufolge nur ein Teil in Räumen bis 10^{22}.

Hier die Gegenüberstellung der Verszahlen bis 10^{22} und der PVK - Kombinationen aus 10^{12}:

2.465.199.379.977.350.760.378 Verszahlen in 10^{22}

8.614.421.491.142.672.119.750 PVK - Kombinationen aus 10^{12}:

Des weiteren fehlen hier noch die Kombinationen aus 10^{13} bis 10^{22} sowie die PPK Kombinationen aus 10^{12}.

Auch in einer Aufteilung der MP-Zahlen in jeweilige alte und neue Primzahlen und Verszahlen lassen kaum Aufschluss über ihre Verteilung zu. Ein solches Unterfangen ist nicht nur aufwendig, sondern der Überblick verschwimmt auch in einem Wirr an verschiedenen Kombinationsanzahlen, die sich in verschiedene Bereiche verteilen.

Allein im Bereich bis 10^3 erscheinen so viele Informationen. Dies zeigen die nachfolgenden Tabellen.

Die erste Tabelle gibt darüber Informationen, wie viele MP-Zahlen, Primzahlen und Verszahlen es insgesamt bis 10^3 gibt, aber auch wie viele davon aus dem Bereich bis 10^2 stammen und wie viele erst im Bereich 10^2 bis 10^3 erscheinen. Des weiteren wird die mögliche Stellenanzahl dieser Zahlen angegeben.

bis 10^3	MP	MP neu	MP alt	P	P neu	P alt	V	V neu	V alt
Anzahl	265	240	25	165	143	22	100	97	3
Stellen	1-3	3	1-2	1-3	3	1-2	1-3	3	2

Die nächste Tabelle zeigt die Kombinationen der MPK-Zahlen untereinander an. In der ersten Spalte geht es um die gesamten Kombinationen, die alle 265 MP-Zahlen untereinander bilden. In der zweiten Spalte werden nur die Kombinationen der 240 neuen MP-Zahlen erfasst und in der dritten Spalte nur die Kombinationen der vorherigen 25 MP-Zahlen untereinander. Die letzte Spalte gibt die Information über die Kombinationen der 25 vorherigen mit den 240 neuen MP-Zahlen. In der unteren Zeile erfolgt zudem eine Angabe darüber, wie viele Stellen die Bereiche haben können, in denen die jeweiligen Kombinationen erscheinen.

Dabei gilt: MPK gesamt = MPK neu + MPK alt + MpaltMPneuK

125

	MPK gesamt	MPK neu	MPK Alt	MPalt-MPneuK
Art	265-265	240-240	25-25	25-240
Anzahl	35.245	28.920	325	6.000
Stellen	2-6	5-6	2-4	3-5

Die nachfolgenden drei Tabellen teilen dann noch einmal die vorherigen MP-Zahlen Kombinationen in die jeweiligen der Primzahlen und Verszahlen. Die Auflistung erfolgt dabei nach gleichem Prinzip, wie beim MPK. Der MPK gesamt= PPK gesamt + PVK gesamt + VVK gesamt.
Aufgeteilt gilt für
PPK gesamt = PPK neu + PPK alt + PPalt-PPneuK
PVK gesamt = PVK neu + PVK alt + Palt-VneuK + Pneu-ValtK
VVK gesamt = VVK neu + VVK alt + Valt-VneuK.

	PPK gesamt	PPK neu	PPK alt	Ppalt-PpneuK
Art	165-165	143-143	22-22	22-143
Anzahl	13.695	10.296	253	3146
Stellen	2-6	5-6	2-4	3-5

	PVK gesamt	PVK neu	PVK alt	Palt-VneuK	Pneu-ValtK
Art	165-100	143-97	22-3	22-97	143-3
Anzahl	16.500	13.871	66	2134	429
Stellen	3-6	5-6	2-4	3-5	4-5

	VVK gesamt	VVK neu	VVK alt	Valt-VneuK
Art	100-100	97-97	3-3	3-97
Anzahl	5.050	4753	6	291
Stellen	4-6	5-6	4	4-5

Wenn man für spätere Bereiche auf einem ähnlichen Weg fortfahren würde, würde die Angaben, die gemacht werden müssten, ausufern. Bereits im Bereich bis 10^4 erscheinen wieder neue MP-Zahlen, die man auch mit den vorherigen Kombinationen wieder in Verbindung setzen müsste.

Nichts desto trotz hat das kombinatorische Kapitel darüber Aufschluss gegeben, dass der Anteil an Kombinationen, die zu gleichen Verszahlen führen sehr stark ist und dass sie sich in sehr weiten Bereichen verteilen. Die Vermutung liegt daher sehr nahe, dass dies potentiell Verursacher dafür sein könnte, dass es immer wieder Lücken im Zahlenteppich gibt, die durch diese Kombinationen nicht geschlossen werden können. Und Lücken heißt, dass hier Primzahlen auftauchen. Dass sie erscheinen, hat der Unendlichkeitsbeweis gezeigt. Trotzdem lässt sich nicht vorhersagen, wie viele Lücken es gibt und ob es immer auch mal wieder zwei aufeinanderfolgende Lücken gibt, die nur einen Abstand von 2 haben. Denn dann würde sich in ihnen ein Primzahlzwilling verbergen.

Zum Schluss dieses Kapitels möchte ich noch ein Beispiel aus dem Bereich bis 10^{22} gegenüber stellen, das zum Nachdenken anregen soll. Ich hatte gezeigt, dass die PPK – Kombinationen zu einmaligen Verszahlen führen und die VVK - Kombinationen zu sich wiederholenden. Diese wiederholen sich in PVK – Kombinationen späterer Bereiche. Aber auch bestimmte PVK - Kombinationen führen zu sich wiederholenden Verszahlen. Meine Frage lautet daher, was es heißen könnte, wenn der Anteil der PPK Kombinationen im Verhältnis zu jenen, die zu doppelten Verszahlen führen können abnimmt. Beantworten kann ich die Frage nicht, daher möchte ich nachfolgend nur ein Bild der Größe der jeweiligen Anzahlen in den Raum stellen, sowie ein Bild der MP-Zahlenanzahl an der jene Kombinationen beteiligt sind aus dem Bereich bis 10^{44}.

Anzahl Primzahlen bis 10^{22} → 201.467.286.689.315.906.287

Anzahl Verszahlen bis 10^{22} → 2.465.199.379.977.350.760.378

PPK aus Primzahlen bis 10^{22} untereinander →

20.294.533.802.977.503.073.951.170.055.478.741.016.328

PVK aus Primzahlen und Verszahlen bis 10^{22} untereinander →

496.657.030.232.220.743.950.630.015.031.249.640.696.486

VVK aus Verszahlen bis 10^{22} untereinander →

3.038.603.991.520.357.308.527.863.259.357.716.062.731.631

MPK aus MP-Zahlen bis 10^{22} untereinander →

3.555.555.555.555.555.555.552.444.444.444.444.444.444.445

Anzahl MP-Zahlen bis 10^{44} →

26.666.666.666.666.666.666.666.666.666.666.666.666.665

Unter den 26.666.666.666.666.666.666.666.666.666.666.666.666.665 MP- Zahlen bis 10^{44} befindet sich eine bestimmte Anzahl an Verszahlen und Primzahlen. Bis 10^{22} gibt es 2.666.666.666.666.666.666.665 MP-Zahlen. Wenn ich diese von den MP-Zahlen bis 10^{44} subtrahiere, erhalte ich 26.666.666.666.666.666.666.664.000.000.000.000.000.000.000 neue MP-Zahlen, die zwischen 10^{22} und 10^{44} erscheinen. Für die Bildung der Verszahlen, die in der Anzahl jener

26.666.666.666.666.666.666.664.000.000.000.000.000.000.000 neuen MP-Zahlen involviert sind, kommen aber nur ganz bestimmte Kombinationen in Frage. Nicht beteiligt an der Bildung dieser Verszahlen sind z.B. die 355.555.555.524.444.444.445 MPK-Kombinationen aus den MP-Zahlen untereinander, die bis 10^{11} erscheinen, weil diese untereinander nur Bereiche bis 10^{22} berühren können. Wenn ich diese Anzahl von jener der 3.555.555.555.555.555.555.552.444.444.444.444.444.444.445 MPK-Kombinationen aus den MP-Zahlen untereinander, die bis 10^{22} erscheinen, subtrahiere, erhalte ich

 3.555.555.555.555.555.555.552.088.888.888.920.000.000.000 MPK-Kombinationen aus MP-Zahlen untereinander, die zwischen 10^{11} und 10^{22} erscheinen und potentiell an der Bildung jener oben genannten Verszahlen beteiligt sind. Da in diesen Kombinationen jedoch noch weitere Kombinationen involviert sind, die nicht über den Bereich bis 10^{22} hinauskommen, gemeint sind Kombinationen aus MP-Zahlen bis 10^{11} mit MP-Zahlen zwischen 10^{11} und 10^{22}, lässt sich die Anzahl weiter reduzieren. An neuen MP-Zahlen erscheinen zwischen 10^{11} und 10^{22} 2.666.666.666.666.666.666.665 - 26.666.665 = 2.666.666.666.664.000.000.000 Stück. Der MPK daraus beträgt

3.555.555.555.484.444.444.446.133.333.333.320.000.000.000. Mit dem Wissen über den jeweiligen Prim- und Verszahlenanteil dieses Bereichs, lässt sich errechnen, wie viele Kombinationen des MPK davon PPK, PVK und VVK-Kombinationen sind, wobei MPK = PPK + PVK + VVK ist. Dafür muss ich zunächst die Anzahl neuer Primzahlen und Verszahlen errechnen, die zwischen 10^{11} und 10^{22} erscheinen. Zu den jeweiligen Anzahlen komme ich, indem ich die Differenz aus der Prim- bzw. Verszahlenanzahl von 10^{11} und 10^{22} bilde.

Bis 10^{11} erscheinen 4.118.054.810 Primzahlen und 22.548.611.855 Verszahlen, bis 10^{22} erscheinen 201.467.286.689.315.906.287 Primzahlen und 2.465.199.379.977.350.760.378 Verszahlen. Somit erscheinen zwischen 10^{11} und 10^{22}

201.467.286.685.197.851.477

(201.467.286.689.315.906.287 - 4.118.054.810) neue Primzahlen und

2.465.199.379.954.802.148.523

(2.465.199.379.977.350.760.378 - 22.548.611.855) neue Verszahlen, deren jeweilige Kombinationen in die Bereiche zwischen 10^{22} und 10^{44} als Verszahlen erscheinen:

MPK = 3.555.555.555.484.444.444.446.133.333.333.320.000.000.000

PPK = 20.294.533.802.147.849.744.951.062.899.691.074.466.503

PVK = 496.657.030.217.526.110.137.360.732.114.583.048.918.471

VVK = 3.038.603.991.464.770.484.563.821.538.319.045.876.615.026

Zwischen die

26.666.666.666.666.666.666.664.000.000.000.000.000.000.000

neuen MP-Zahlen des Bereichs von 10^{22} bis 10^{44} mischen sich somit

20.294.533.802.147.849.744.951.062.899.691.074.466.503

PPK – Kombinationen, die zu einmaligen Verszahlen führen sowie

496.657.030.217.526.110.137.360.732.114.583.048.918.471

PVK-Kombinationen und

3.038.603.991.464.770.484.563.821.538.319.045.876.615.026

VVK-Kombinationen, von denen jedoch ein großer Anteil zu doppelten Verszahlen führt. Es zeigt sich, dass es nicht die Kombinationen sind, die aus den Verszahlen und Primzahlen der Bereiche zwischen 10^{11} und 10^{22} entstehen, die jene MP-Zahlen von 10^{22} bis 10^{44} ausschöpfend mit Verszahlen füllen. Kombinationen aus den MP-Zahlen von 10^{22} bis 10^{44} untereinander hingegen füllen ebenso wenig jene Bereiche von 10^{22} bis 10^{44}, da diese Kombinationen erst nach 10^{44} als neue Verszahlen wirksam werden. Statt dessen sind es andere Kombinationen, die den Hauptanteil an gebildeten Verszahlen ausmachen. Es sind die Kombinationen zwischen den MP-Zahlen bis 10^{22} als Multiplikator und den neuen MP-Zahlen des Bereichs von 10^{22} bis 10^{44} als Multiplikand.

2.666.666.666.666.666.666.665 MP-Zahlen bis 10^{22} als Multiplikator treffen auf 26.666.666.666.666.666.666.664.000.000.000.000.000.000.000 MP-Zahlen von 10^{22} bis 10^{44} als Multiplikand. Dieses Zusammentreffen macht eine gewaltige Kombinationsgesamtanzahl von

71.111.111.111.111.111.111.059.555.555.555.555.555.555.560.000.000.00 0.000.000.000.000 aus, die jene MP-Zahlen-Anzahl von

26.666.666.666.666.666.666.664.000.000.000.000.000.000.000

verschwindend klein aussehen lässt. Zwar kann man sagen, dass die gewaltige Kombinationsanzahl nicht den tatsächlichen Verszahlen entspricht, die im Bereich von 10^{22} bis 10^{44} erscheinen, weil sich unter ihnen erstens zahlreiche Kombinationen befinden, die zu doppelt gebildeten Verszahlen führen und weil sich zweitens unter ihnen zahlreiche Kombinationen befinden, die erst nach 10^{44} Verszahlen bilden. Da sich leider aber nicht sagen lässt, wie viele Kombinationen unter die beiden genannten Sachverhalte fallen, kann das Problem, eine Aussage darüber zu treffen, wie viele Verszahlen unter den MP-Zahlen dieses Bereichs erscheinen, nicht gelöst werden. Um diese gewaltige Kombinationsanzahl überhaupt kürzen zu können, müsste man detailliert, die Kombinationen untereinander ausmachen und untersuchen, welche davon in die jeweiligen Bereiche fallen.

Den größten Anteil an Kombinationen schafft die Primzahl 7, da sie nur eine Ziffer besitzt. Dies heißt, dass sie als Multiplikator mit allen neuen MP-Zahlen von 10^{22} bis 10^{43} als Multiplikanden Kombinationen eingeht, die zu Verszahlen des Bereichs von 10^{22} bis 10^{44} führen. Viele davon führen zu doppelten Verszahlen, wenn die Multiplikanden selbst Verszahlen sind. Außerdem schafft die 7 in dem Bereich zwischen 10^{43} bis 10^{44} Kombinationen mit einem Teil der neuen MP-Zahlen zwischen 10^{43} bis 10^{44}. Diese gebildeten Verszahlen liegen kurz vor 10^{44}, andere wiederum erscheinen erst dahinter. Diejenigen, die kurz vor 10^{44} liegen sind aus einer Kombination der 7 mit jenen MP-Zahlen aus dem Bereich zwischen 10^{43} bis 10^{44} entstanden, die größer als 10^{43} und kleiner als $\dfrac{10^{44}}{7}$ sind. Der Grund, warum die 7 mit diesen MP-Zahlen eines Bereichs Kombinationen schafft, deren Verszahlen sich noch im gleichen Bereich verteilen, liegt an der Größe der 7 selbst. Dies ist bereits schon vor 10^2 erkennbar. Als Primzahlen-Multiplikator schafft die 7 noch vor 10^2 die drei Kombinationen 7 x 7 = 49, 7 x 11 = 77 und 7 x 13 = 91, noch vor 10^3 schafft die 7 zwölf Kombinationen mit MP-Zahlen Multiplikanden zwischen 10^2 und 10^3. Davon entfallen neun Kombinationen auf welche mit Primzahlen, nämlich 7 x 101 = 707, 7 x 103 = 721, 7 x 107 = 749, 7 x 109 = 763, 7 x 113 = 791, 7 x 127 = 889, 7 x 131 = 917, 7 x 137 = 959 und 7 x 139 = 973. Drei Kombinationen hingegen sind Kombinationen der 7 mit Verszahlen, nämlich 7 x 119 = 833 bzw. 7 x (7 x 17) = 833, 7 x 121 = 847 bzw. 7 x (11 x 11) und 7 x 133 = 931 bzw. 7 x (7 x 19) = 931.

Die Obergrenze der Multiplikanden mit denen die 7 eine Kombination eingehen kann, die noch im gleichgestellten Bereich eine Verszahl schafft,

liegt bei $\dfrac{10^n}{7}$ bzw. bei 1,42857142857142857...x 10^n. Diese Möglichkeit hat keine andere Primzahl oder Verszahl größer als 7, was bedeutet, dass ein Großteil der

24.000.000.000.000.000.000.000.000.000.000.000.000.000.000

neuen MP-Zahlen von 10^{43} bis 10^{44} gar keine Kombinationen eingehen, die noch unterhalb von 10^{44} Verszahlen erzeugen. Lediglich die 7 schafft mit den MP-Zahlen zwischen

10.000.000.000.000.000.000.000.000.000.000.000.000.000.000 und

133

14.285.714.285.714.285.714.285.714.285.714.285.714.285.714

Kombinationen, die noch unterhalb von

100.000.000.000.000.000.000.000.000.000.000.000.000.000.000

Verszahlen erzeugen. Um Verszahlen in den Räumen zwischen 10^{43} bis 10^{44} erzeugen zu können, können somit Kombinationen aus MP-Zahlen, die größer als 7 sind, zugleich ihr Pendant nur in einem Bereich finden, der unterhalb von 10^{43} liegt. In Bezugnahme zueinander wird der Multiplikand umso kleiner, je größer der Multiplikator wird. Die Primzahl 11 kann nur mit MP-Zahlen Kombinationen im Raum zwischen 10^{43} und 10^{44} schaffen, die kleiner als 10^{43} sind. Für die Primzahl 101 kommen nur noch die MP-Zahlen in Frage, die kleiner als 10^{42} sind und für die Verszahl 1001 (7 x 11 x 13) nur noch die MP-Zahlen, die kleiner als 10^{41} sind.

Dadurch zeigt sich, dass sich in zunehmender Folge zur Primzahl und Verszahlenbildung, die möglichen Pendants für Kombinationen umgekehrt abnehmend verhalten. Von den oben angegebenen

71.111.111.111.111.111.111.059.555.555.555.555.555.555.560.000.000.00 0.000.000.000.000 Kombinationen verifiziert sich somit nur ein kleiner Teil tatsächlich noch vor dem Bereich 10^{44} als Verszahl. Ein gewaltiger Anteil schafft Verszahlen, die größer als 10^{44} sind. Ein anderer gewaltiger Anteil führt zu gleichen Verszahlen. Letzteres lässt sich z.B. gut durch ein Primzahlenprodukt zeigen, dass aus mehreren Primzahlen- Multiplikatoren und Multiplikanden erzeugt wurde und was sich also auch in PVK-Kombinationen und VVK- Kombinationen im Sinne des Kommutativgesetzes umgestalten ließe.

Die sechsstellige Fünfverszahl 323.323 kann als Produkt aus den Primzahlfaktoren 7, 11, 13, 17 und 19 gebildet werden, aber aus keinen anderen Primzahlen.

Diese Fünfverszahl kann auch aus Verszahlen gebildet werden, jedoch sind diese, Produkte der fünf Primzahlfaktoren 7, 11, 13, 17 und 19.

So ergibt zum Beispiel 221 x 1463 auch die Zahl 323.323, aber die beiden Faktoren, lassen sich wieder in die fünf Primzahlfaktoren von vorhin zerlegen. So ist 221 das Produkt aus 13 und 17 und 1463 das Produkt aus 7, 11 und 19.

Wenn ich die Primzahl- Multiplikatoren und Multiplikanden durch Buchstaben wie folgt ersetze, A=7, B=11, C=13, D=17 und E=19, dann ergibt sich für 323.323 die Formel A x B x C x D x E oder kurz, der Term ABCDE.

Das Kommutativgesetz besagt, dass in einem mehrgliedrigen Produkt die Faktoren umgestellt werden können. Das Ergebnis ändert sich dabei nicht. Es kommt immer das gleiche Ergebnis heraus und in diesem Fall die Zahl 323.323.

So ist jetzt ABCDE=EDCBA, aber auch gleich CABED oder gleich BADEC.

Mithilfe der Formel n! (Fakultät) kann ich die Anzahl der möglichen Terme für jene fünf Elemente herausfinden, wobei n = die Anzahl der Elemente ist. Ich habe also n = 5 und rechne nun 5! (Fakultät).

So ergibt sich aus 1 x 2 x 3 x 4 x 5 die Zahl 120. Ich habe also 120 verschiedene Möglichkeiten die Formel zu schreiben und dennoch führt sie immer wieder zur Fünfverszahl 323.323. Dies heißt, dass man 119

Kombinationen außer Acht lassen könnte, eben weil diese zu der gleichen Zahl führen.

In dem Raum zwischen 10^{43} und 10^{44} gibt es z.B. die Verszahl 22.418.478.468.381.282.119.251.919.355.704.725.172.535.239. Sie ist ein Produkt aus den Primzahlen 7, 11, 13, 17, 19, 23, 29, 31, 37, 41, 43, 53, 59, 61, 67, 71, 73, 79, 83, 89, 97, 101, 103, 107, 109 und 113. Da es sich um 26 Primzahlen handelt, lässt sich mit 26! die Größe der vertauschbaren Kombinationen errechnen. Dies wären 403.291.461.126.605.635.584.000.000 Kombinationen, die alle zu der oben angegebenen Verszahl führen. Darin enthalten sind sowohl PVK Kombinationen, wenn eine Primzahl der 26 Primzahlen auf das Produkt der jeweilig anderen 25 Primzahlen trifft, sowie ein großer Anteil an VVK - Kombinationen., wenn z.B. ein Produkt aus zwei der 26 Primzahlen auf das Produkt der jeweiligen 24 anderen Primzahlen trifft oder ein Produkt aus fünf der 26 Primzahlen auf ein Produkt der jeweilig anderen 21 Primzahlen. Dies lässt erahnen, wie groß die Anzahl an Verszahlen sein muss, die ebenso zu der gleichen oben aufgeführten Verszahl führt. Und wenn man nur eine Primzahl des Produkts durch eine andere ersetzt, z.B. die 113 durch die nachfolgend nächste, nämlich die 127, ergibt sich wieder eine sehr hohe Kombinationsanzahl für nur eine Verszahl.

4.9 Fünf Ordnungen

Dieses Kapitel hatte das Ziel bestimmte ordentliche Strukturen der Primzahlen aufzuzeigen, um die scheinbare Unordnung ihrer Verteilung zu minimieren.

Die erste Ordnung zeigte ich mit dem Polygon-Rotationssystem. Primzahlen sind an der Bildung einer Zahl in diesem System immer nur dann beteiligt, wenn das Polygon auf den absoluten Nordpunkt gerichtet ist. In den Zeitpunkten, wo das Polygon nicht auf diesen zeigt, ist die Zahl des Polygons kein Multiplikator der Zahl, die zu diesem Zeitpunkt entsteht. Aufgrund der unterschiedlichen Größen der Polygone und ihrer damit zusammenhängenden Rotationsgeschwindigkeit sowie ihrer unterschiedlichen Startpunkte erscheinen immer wieder Zeitpunkte, in denen bis auf das neue Polygon der zu diesem Zeitpunkt entstehenden Zahl selbst und das Polygon der Zahl 1, kein anderes auf den absoluten Nordpunkt gerichtet ist. Dies bedeutet, dass kein anderes Polygon Multiplikator oder Multiplikand der neuen Zahl ist und dadurch ist diese Zahl eine Primzahl. Wenn sich alle kleineren Polygone als das neue Polygon mit Ausnahme der 1 in ihrer Rotationsdrehung befinden, erschaffen sie eine Lücke im Zahlenteppich, durch die es zum erscheinen einer Primzahl kommt.

Dass es solche Lücken gibt, zeigte der Unendlichkeitsbeweis. Für das Bild des Rotationssystems hat dies zur Folge, dass es nie zu einem Zustand kommen kann, in dem zu jedem Zeitpunkt mindestens ein Polygon, dass größer als 1 und kleiner als die Zahl des Zeitpunkts ist, auf den absoluten Nordpunkt gerichtet ist.

Man könnte sich einen Zustand von tausend nacheinander abfolgenden Zeitpunkten vorstellen, zu denen hintereinander immer ein kleineres Polygon als der Zeitpunkt selbst, auf den absoluten Nordpunkt gerichtet ist. Auf Dauer könnte eine solche ordentliche Abfolge aber nicht gehalten werden, irgendwann gibt es immer wieder einen Zeitpunkt an dem kein Polygon kleiner als die neue Zahl des Zeitpunkts auf den absoluten Nordpunkt zeigt.

Der Grund wurzelt in dem Sachverhalt, dass ein Polygon für die Bildung einer Zahl immer eine Umdrehung benötigt. Da die Zahl, wenn sie sich um sich selbst dreht, aber schon eine Lücke schafft, die so groß ist, wie ihr Wert minus 1, steht die Möglichkeit an der Bildung einer Zahl beteiligt zu sein im Verhältnis 1 zu ihrer Größe. Bei der Zahl 7 ist das Verhältnis 1 zu 7, bei der Zahl 11 ist das Verhältnis 1 zu 11u.s.f.

Das Verhältnis vergrößert sich, wenn man die Möglichkeiten betrachtet, dass eine Zahl an der Bildung einer geraden oder ungeraden Zahl beteiligt ist. Um an der Bildung einer gerade Zahl oder ungeraden Zahl beteiligt zu sein, benötigt schon jedes Polygon zwei Umdrehungen. Um eine ungerade Zahl bilden zu können, steht die Möglichkeit somit im Verhältnis 1 zu ihrer doppelten Größe. Bei der Zahl 7 ist das Verhältnis 1 zu 14, bei der Zahl 11 ist das Verhältnis 1 zu 22 u.s.f.

Jede Zahl als Multiplikator und Multiplikand für sich genommen, lässt somit eine geordnete Folge an Lücken zu. Im Rotationssystem offenbaren sich die Lücken immer dann, wenn keine kleineren Polygone als die neue Zahl und die 1 auf den absoluten Nordpunkt zeigen.

Im Rotationssystem gibt es immer wieder zwei Zustände. Der eine ist jener, in dem kein kleineres Polygon als 1 und die neue Zahl auf den absoluten Nordpunkt gerichtet ist und der andere ist jener, wo genau dies zutrifft. Dass sich verschiedene Polygone mal am absoluten Nordpunkt treffen und mal nicht, wurzelt in den unterschiedlichen Rotationsgeschwindigkeiten. Man könnte sich dafür auch eine runde Rennbahn vorstellen, in die sich jeder Multiplikator-Läufer zu einem anderen Startpunkt mit einer anderen Geschwindigkeit begibt. Die schnelleren Läufer überholen die jeweils langsameren immer wieder und wenn die Start/Zielmarke für den absoluten Nordpunkt steht, dann treffen sich diese Läufer zu bestimmten Zeitpunkten immer mal wieder auch an dieser. Nur wenn die Läufer die gleichen Geschwindigkeiten hätten, könnten sie sich nie treffen. Dies ist bei

Primzahlen nie der Fall, weil jede Primzahl eine andere als die vorherigen und nachfolgenden hat. Dadurch kommt es eben auch zu solchen Zusammentreffen. Umgekehrt gibt es durch diese voneinander verschiedenen Geschwindigkeiten auch immer wieder Zeitpunkte, zu denen sich kein gerade im Rennen befindender Läufer an der Start/Zielmarke befindet. Dies wäre insbesondere immer dann der Fall, wenn sich die schnelleren Läufer (kleine Primzahlen und Verszahlen) gerade erst an der Start/Zielmarke getroffen hatten und sich langsamere Läufer (große Primzahlen und Verszahlen) noch weit vor der Start/Zielmarke befinden.

Die zweite Ordnung erzeugt der Zustand, wenn sich sehr viele Läufer gleichzeitig an der Start/Zielmarke befinden bzw. wenn viele Polygone gleichzeitig auf den absoluten Nordpunkt gerichtet sind. Dies ist immer dann der Fall, wenn verschiedene Primzahlen als Multiplikatoren bzw. Multiplikanden die Bildung eines Produkt begünstigen. Wenn diese Multiplikatoren und Multiplikanden des Produkts N zum Zeitpunkt N auf den absoluten Nordpunkt gerichtet sind, dann kann man auch für diese Multiplikatoren und Multiplikanden eine Aussage über die Symmetrie treffen. Nämlich, dass die beteiligten Polygone an nachfolgenden Zeitpunkten $N + X$ eine gespiegelte Variante zu den Zeitpunkten $N - X$ erzeugen. X muss dabei größer gleich 1 sein und $N - X$ sollte größer als die größte an der Multiplikation beteiligte Primzahl sein.

Der Zeitpunkt $N + X$ und seine gespiegelte Variante $N - X$ erzeugt somit für die an N beteiligten Polygone eine Ordnung insofern, weil sich die Lücken und Nicht-Lücken der Polygone in der Spiegelung wiederholen. Wenn man z.B. weiß, dass die beteiligten Polygone an der Stelle $N - X$ an der Bildung keiner Zahl beteiligt waren, dann lässt sich für diese auch voraussagen, dass sie nicht bei $N + X$ an der Bildung einer Zahl beteiligt

139

sein werden. Wenn sie umgekehrt bei $N - X$ die Bildung einer Zahl begünstigten, dann werden sie dies auch zum Zeitpunkt $N + X$ wiederholen. Dies ist ein interessanter Aspekt, dem ich mich noch später intensiver zuwenden werde, da er die Konsequenz hat, dass sich vorausgehende Lücken in ihrer Wiederholung nur durch andere Polygone, die nicht an N beteiligt waren, schließen lassen.

Die dritte Ordnung erreichte ich durch das Herausfiltern der durch 2, 3 und 5 teilbaren Zahlen. Es führte mich zu der Formel, dass pro Bereich mit dem Intervall von 10^n bis $10^{n+1} -1$ für $n > 1$ insgesamt $24 \times 10^{n-1}$ neue MP-Zahlen dazukommen. Dies zeigt, dass es durchaus eine große Anzahl an Zahlen gibt, an deren Bildung die durch 2, 3 und 5 teilbaren Zahlen nicht beteiligt sind. Man darf nicht den Fehler machen, die Anzahl der Zahlen, an dessen Bildung eine Zahl beteiligt ist, separat zu betrachten. Denn dann würden die Summen der jeweiligen Anzahlen mehr Zahlen hervorbringen, als tatsächlich durch sie gebildet werden. Denn dadurch, dass die Zahlen auch in Kombinationen miteinander treten, erzeugen ihre Kombinationen doppelte Zahlen auf der einen Seite, auf der anderen Seite lassen sie hingegen Lücken an Zahlen erscheinen, an dessen Bildung sie nicht beteiligt sind.

Wenn ich z.B. sage, dass die 2 an der Hälfte der Zahlen eines Bereichs beteiligt ist, die 3 an einem Drittel und die 5 an einem Fünftel, dann wäre die

Summe ihrer Brüche $\dfrac{1}{2} + \dfrac{1}{3} + \dfrac{1}{5} = 1 \dfrac{1}{30}$.

Die Summe würde somit mehr Zahlen hervorbringen, als es tatsächlich Zahlen in dem Bereich gibt. Dies zeigt, dass es Zahlen geben muss, an

140

denen die 2, 3 und 5 gleichzeitig beteiligt sind. So ist die 2 zusammen mit der 3 an der Bildung jeder sechsten Zahl beteiligt. 2 und 5 sind zusammen an der Bildung jeder zehnten Zahl beteiligt. 3 und 5 sind an der Bildung jeder fünfzehnten Zahl gemeinsam beteiligt und alle drei Zahlen sind gemeinsam an der Bildung jeder dreißigsten Zahl beteiligt. Durch diese gemeinsamen Beteiligungen gibt es immer wieder Lücken an Zahlen, an denen sie nicht beteiligt sind und dies sind eben pro Bereich mit dem Intervall von 10^n bis $10^{n+1} -1$ für $n > 1$ insgesamt $24 \times 10^{n-1}$ Lücken.

In jenen Lücken können daher nur Primzahlen oder Produkte aus Primzahlen, die größer gleich 7 sind, erscheinen.

Die vierte Ordnung schafft der Sachverhalt, dass eine Primzahl als Multiplikator bzw. ein Polygon für sich genommen einer bestimmten Ordnung folgt. Das Durcheinander im Zahlenteppich erscheint uns, weil hier die verschiedenen Polygone als Multiplikatoren und Multiplikanden mit den verschiedenen Gesetzmäßigkeiten wirken. In Bezug zueinander stehen sie immer nur dann, wenn sie gemeinsam an der Bildung einer Zahl beteiligt sind. Dies gilt für die Zeitphasen von $N - X$ bis $N + X$. Danach folgen sie wieder ihren eigenen Gesetzmäßigkeiten, die solange unabhängig von den anderen Polygonen ist, bis es wieder bei einem N zu einer Vereinigung kommt. Zu ordentlichen Gesetzmäßigkeiten eines Polygons gehört die Rotationsgeschwindigkeit, der Startpunkt, der Sachverhalt, dass ein kleineres Polygon als Multiplikator größere Multiplikanden schneller als größere Polygone erreicht, sowie der Sachverhalt, dass sich die Anzahl an Kombinationen eines Polygons mit MP-Zahlen bzw. die dadurch entstehenden Verszahlenanzahl voraussagen lässt. So erzeugt jedes Polygon bis zum hundertfachen seines Wertes 25 Verszahlen, bis zum tausendfachen 265 Verszahlen und bis zum zehntausendfachen 2665 Verszahlen u.s.f. Da die verschiedenen Polygone an der Bildung verschiedener Verszahlen aber gemeinsam beteiligt sind, lässt sich dadurch nicht auf die Gesamtanzahl an Verszahlen in einem Bereich schließen.

Eine fünfte Ordnung ist mir mit der Kombinatorik nicht wirklich erfolgreich gelungen. Dass Problem liegt in den verschiedenen Wirksamkeiten von Kombinationen. Auf der einen Seite dürfen keine Kombinationen, die zu Verszahlen führen außer Acht gelassen werden, was umgekehrt den Ausschluss von Kombinationen wiederum behindert, die doppelt oder mehrfach zu gleichen Verszahlen führen. Der Blick auf die Kombinatorik konnte lediglich zeigen, dass es sehr viele Kombinationen gibt, die zu ein und der gleichen Verszahl führen. Dies lässt zwar vermuten, dass für diese Kombinationen an anderen Stellen Lücken im Zahlenteppich erscheinen, es ist aber weder ein Beweis für solche, noch lässt es Rückschluss auf die Anzahl solcher Lücken zu.

In Kapitel 3 hatte ich gesagt, dass eine Endlichkeitsbehauptung von Primzahlzwillingen einige Fragen aufwerfe und zugleich Bedingungen stelle. Diese Fragen und Bedingungen erforderten in Kapitel 4 das Aufzeigen von bestimmten Ordnungen und Unordnungen bei der Zahlenbildung und im Zahlenteppich. Es hatte den Zweck ein Instrumentarium zu schaffen, das nutzbringend für die weitere Untersuchung in der Frage sein kann, ob es unendlich viele Primzahlzwillinge gibt. Das nachfolgende Kapitel hat daher das Ziel diese Instrumentarien paradigmatisch auf die bestimmten Fragen und Bedingungen anzuwenden.

5 Die Unendlichkeit der Primzahlzwillinge

5.1 Lücken und Abstände

Damit es im Zahlenteppich zur Bildung von Primzahlen kommt, muss es in ihm bestimmte Lücken geben, in denen Zahlen erscheinen, die durch keine anderen Zahlen als durch sich selbst und durch 1 teilbar sind. Dass es diese Lücken gibt, zeigt der Unendlichkeitsbeweis von Primzahlen. Für das Entstehen einer einzelnen Primzahl reicht eine einzige Lücke S zwischen S − 1 und S + 1 für die eben die Bedingung, dass die darin erscheinende Zahl nur durch 1 und sich selbst teilbar ist, gilt. Damit es im Zahlenteppich einen Primzahlzwilling gibt, muss die Bedingung der Lücken erweitert werden. Dies heißt, im Zahlenteppich muss es zwei aufeinanderfolgende Lücken geben, die zueinander nur einen Abstand von 2 haben. Wenn S eine Lücke ist, in der eine Primzahl erscheint, dann müsste also entweder bei S + 2 oder S − 2 eine weitere Lücke erscheinen, in der sich ebenso eine Primzahl befindet. Da eine jeweils dritte ungerade Zahl durch 3 teilbar ist, kann es eine solche Lücke nur entweder bei S + 2 oder S − 2 geben. Sofern S eine Primzahl ist, die nicht durch 3 teilbar ist, dann ist entweder S + 2 oder S − 2 durch 3 teilbar.

Wenn ich mir die Polygon-Rotationen vor Augen halte, dann schafft jede Zahl mit Ausnahme der 1, Lücken von Zahlen, an dessen Bildung sie nicht beteiligt ist. Je größer die Zahl ist, desto größer ist auch ihre Lücke.

Die Zahl 2 hinterlässt in ihrer Rotation immer eine Lücke von einer Zahl. Da sie selbst immer nur gerade Zahlen bildet, erscheinen in ihren Lücken alle ungeraden Zahlen.

Die Zahl 3 hinterlässt in ihrer Rotation schon eine Lücke von zwei Zahlen. In der ersten Rotation erscheinen in ihren Lücken die Zahlen 4 und 5 und in der zweiten Rotation erscheinen in ihren Lücken die Zahlen 7 und 8. Wenn sie auf den absoluten Nordpunkt gerichtet, an der Bildung einer geraden Zahl beteiligt ist, dann folgt als erste Lücke nach der Rotation eine ungerade Zahl. Wenn sie hingegen beim absoluten Nordpunkt eine ungerade Zahl erzeugt, dann folgt als erste Lücke eine gerade Zahl. Dies gilt auch für die Polygone aller Primzahlen, da sie nach Vollendung einer Rotation abwechselnd mal eine gerade Zahl, mal eine ungerade bilden. Daher kann ein Primzahlen-Polygon nur an jedem jeweils zweiten absoluten Nordpunkt eine ungerade Zahl bilden. Die jeweils geraden Zahlen, die es als Multiplikator oder Multiplikand erzeugt, kann ich insofern außer Acht lassen, weil dies garantiert keine Verszahlen sind, eben weil sie durch 2 teilbar sind.

Durch den Ausschluss von den durch 2, 3 und 5 teilbaren Zahlen in Kapitel 4.1 blieb in bestimmten Bereichen ein Rest an Zahlen übrig, die als MP-Zahlen entweder Primzahlen sind oder Produkte aus Primzahlen, deren Multiplikatoren und Multiplikanden größer gleich 7 sind. Diesen Rest könnte man auch als Lücken der Rotationen von 2, 3 und 5 beschreiben, da keine dieser Lücken durch die 2, 3 und 5 geschlossen werden kann. Als nächst größere Zahl für das Schließen solcher Lücken kommt daher die Zahl 7 in Frage.

Ich hatte bereits gezeigt, dass es Zahlen gibt, an denen die 2, 3 und 5 gleichzeitig beteiligt sind. Die 2 ist zusammen mit der 3 an der Bildung jeder sechsten Zahl beteiligt. 2 und 5 sind zusammen an der Bildung jeder zehnten Zahl beteiligt. 3 und 5 sind an der Bildung jeder fünfzehnten Zahl und alle drei Zahlen sind gemeinsam an der Bildung jeder dreißigsten Zahl beteiligt.

Das Interessante daran ist, dass sich die jeweiligen Beteiligungen an Zahlenbildungen alle dreißig Zahlen in gleicher Weise wiederholen.

Um dies zu zeigen, habe ich nachfolgend dreißig Zahlen von 10 bis 39 aufgeschrieben. Unter den Zahlen wird durch Buchstabenkürzel, ihre jeweilige Teilbarkeit angegeben. G steht für alle geraden durch 2 teilbaren Zahlen, Q für alle durch 3 teilbaren Zahlen und F für alle durch 5 teilbaren Zahlen. Das Buchstabenkürzel MP gibt hingegen alle Zahlen an, die nicht durch 2, 3 und 5 teilbar sind.

10	11	12	13	14	15	16	17	18	19
GF	MP	GQ	MP	G	QF	G	MP	GQ	MP
20	21	22	23	24	25	26	27	28	29
GF	Q	G	MP	GQ	F	G	Q	G	MP
30	31	32	33	34	35	36	37	38	39
GQF	MP	G	Q	G	F	GQ	MP	G	Q

Wenn ich jetzt mit der Zahl 40 fortfahren würde, dann würde sich für die Zahlen 40 bis 69 die gleiche Rangfolge der durch 2, 3 und 5 teilbaren oder nicht teilbaren Zahlen ergeben. Egal mit welcher Zahl man ab 10^1 beginnt, nimmt man diese Zahl und die 29 folgenden, dann kommt man immer auf die gleiche Anzahl an durch 2, 3 und 5 teilbaren oder nicht teilbaren Zahlen. Dies wird vor allem dann erkennbar, wenn ich die sich wiederholende Abfolge wie nachfolgend doppelt auflistе.

GF	MP	GQ	MP	G	QF	G	MP	GQ	MP
GF	Q	G	MP	GQ	F	G	Q	G	MP
GQF	MP	G	Q	G	F	GQ	MP	G	Q

GF	MP	GQ	MP	G	QF	G	MP	GQ	MP
GF	Q	G	MP	GQ	F	G	Q	G	MP
GQF	MP	G	Q	G	F	GQ	MP	G	Q

In einer Abfolge von dreißig Zahlen erscheinen somit acht verschiedene Typen von Teilbarkeiten in unterschiedlicher Anzahl.

Davon entfallen acht Zahlen auf Zahlen, die durch 2 (aber nicht durch 3 und 5) teilbar sind (G), vier Zahlen sind durch 3 (aber nicht durch 2 und 5) teilbar (Q), zwei Zahlen sind durch 5 (aber nicht durch 2 und 3) teilbar (F), zwei Zahlen sind durch 2 und 5 (aber nicht durch 3) teilbar (GF), vier Zahlen sind durch 2 und 3 (aber nicht durch 5) teilbar (GQ), eine Zahl ist durch 3 und 5 (aber nicht durch 2) teilbar (QF), eine Zahl ist durch 2, 3 und 5 teilbar (GQF) und acht Zahlen sind nicht durch 2, 3 und 5 teilbar. Die durch 2, 3 und oder 5 teilbaren Zahlen können durchaus aber durch andere Primzahlen teilbar sein. Und hier kommt die Zahl 7 ins Spiel. Interessant wird es nämlich, wenn man eine Zahl betrachtet, die durch 2, 3 und oder 5 teilbar ist, aber auch durch 7. Von dieser Zahl ausgehend können Zahlen die plus oder minus 1 bis 6 dieser Zahl liegen, nicht durch 7 teilbar sein. Es gibt also durchaus Lücken, die von 2, 3 und 5 hinterlassen werden und nicht durch die 7 geschlossen werden können.

Wenn ich mir noch einmal die verschiedenen Teilbarkeitstypen anschaue, dann entdecke ich, dass in der Rangfolge zwei symmetrische Muster zu erkennen sind.

GF	MP	GQ	MP	G	**QF**	G	MP	GQ	MP
GF	Q	G	MP	GQ	F	G	Q	G	MP
GQF	MP	G	Q	G	F	GQ	MP	G	Q

Die erste Symmetrie liegt beim **QF**. Von ihm aus betrachtet wiederholt sich die vorausgehende Rangfolge in gespiegelter Variante zur nachfolgenden.

Q G F GQ MP G Q GF MP GQ MP G $\mathbf{QF}$ G MP GQ MP GF Q G MP GQ F G Q

Genauso ist es beim **GQF**. Auch hier wiederholt sich die vorausgehende Rangfolge zur nachfolgenden in gespiegelter Symmetrie.

GQ MP GF Q G MP GQ F G Q G MP $\mathbf{GQF}$ MP G Q G F GQ MP G Q GF MP GQ

Zunächst möchte ich mich der **QF**- Symmetrie zuwenden. Wenn ich mir die Teilbarkeitstypen rechtsseitig und linksseitig von **QF** anschaue, dann entdecke ich, dass sich bei $QF + 2$, $QF - 2$, $QF + 4$ und $QF - 4$, MP-Zahlen befinden, da sie nicht durch 2, 3 und 5 teilbar sind. Sollten diese Zahlen nicht noch durch andere Primzahlen größer gleich 7 teilbar sein, dann wären es selber Primzahlen. Interessant ist dabei, dass wenn diese Zahlen alle Primzahlen sind, sie zugleich zwei Primzahlzwillinge erzeugen, nämlich QF − 4 mit QF − 2 und QF + 2 mit QF + 4. Im Zahlenteppich kommt dies tatsächlich manchmal vor. Wenn der QF z.B. die Zahl 3 x 5 = 15 beschreibt, dann ist QF − 4 = 11, QF − 2 = 13, QF + 2 = 17 und QF + 4 = 19.

Die Zahlen 11, 13, 17 und 19 sind alle Primzahlen, wobei 11 mit 13 und 17 mit 19 einen Primzahlzwilling erzeugt. Eine Wiederholung dieses Ereignisses gibt es auch bei der Zahl 105, die in die Primzahlfaktoren 3, 5 und 7 zerlegbar ist. Von ihr aus betrachtet gibt es linksseitig den Primzahlzwilling 101 mit 103 und rechtsseitig den Primzahlzwilling 107 mit 109. Da die Zahl 7 an der Bildung der Zahl 105 beteiligt war, zeigt ihr Polygon zum Zeitpunkt 105 auf den absoluten Nordpunkt. Von hier aus kann sie linksseitig und rechtsseitig für die jeweils sechs vorausgehenden und nachfolgenden Zeitpunkte nicht an der Bildung einer Zahl beteiligt sein. Ihr Sprung von 105 plus 7 zur 112 und ihr Sprung minus 7 zur 98, ermöglicht die jeweiligen sechs Lücken. Da die 105 zugleich nicht durch 2, aber durch 3 und 5 teilbar ist, überspringt die 7 vom QF aus, die Positionen QF − 4, QF − 2, QF + 2 und QF + 4. Dadurch dass die 7 an diesen Positionen keine Zahl bildet, verhindert sie nicht das Erscheinen von Primzahlen. Das Erscheinen von Primzahlen an diesen Positionen könnten nur noch Produkte aus Primzahlen verhindern, die größer als 7 sind. In diesem Beispiel ist das nicht der Fall, daher erscheinen bei 101, 103, 107 und 109 Primzahlen, die zugleich zwei Primzahlzwillinge erzeugen.

Q G F GQ MP G Q GF MPGQ MP G QF G MPGQ MP GF Q G MP GQ F G Q

-12 -11 -10 -9 -8 -7 -6 -5 -4 -3 -2 -1   +1 +2 +3 +4 +5 +6 +7 +8 +9 +10 +11 +12

Das besondere an der Symmetrie des QF ist, dass sich mit ihm Primzahlprodukte erzeugen lassen, durch die alle an dem Produkt beteiligten Primzahlen größer gleich 7, die vier Positionen $QF - 4$, $QF - 2$, $QF + 2$ und $QF + 4$ überspringen, weil sie an diesen nicht an der Bildung einer Zahl beteiligt sein können.

Wenn ich z.B. das Produkt aus $3 \times 5 \times 7 \times 11 = 1.155$ bilde, dann kann ich voraussagen, dass weder die 7 noch die 11 an den vier Positionen $QF - 4$, $QF - 2$, $QF + 2$ und $QF + 4$ eine Zahl bilden. Da die Zahl QF immer ungerade ist, bildet die 7 erst bei $QF - 7$ und $QF + 7$ die nächsten Zahlen, die zudem noch gerade sind. Der Sprung von der Zahl 11 ist noch größer. Sie bildet erst bei $QF - 11$ und $QF + 11$ die nächsten Zahlen, die ebenso gerade sind. Bei $QF = 1.155$ ergibt sich für $QF - 4 = 1.151$, $QF - 2 = 1.153$, $QF + 2 = 1.157$ und $QF + 4 = 1.159$. Die Zahlen 1.151 und 1.153 sind tatsächlich Primzahlen und bilden sogar einen Primzahlzwilling. Die Zahlen 1.157 und 1.159 sind keine Primzahlen. 1.157 ist das Produkt aus den Primzahlen 13×89 und 1.159 ist das Produkt der beiden Primzahlen 19×61.

Die Positionen $QF - 4$, $QF - 2$, $QF + 2$ und $QF + 4$ schaffen zwar keinen Garant für Primzahlen, aber dennoch bildet das Umfeld um den QF herum, eine gute Möglichkeit um nach potentiellen Primzahlen und Primzahlzwillingen zu suchen. Zu weiteren Positionen gelangt man, wenn man rechts- oder linksseitig den Abstand ausmacht, der sich zwischen dem

QF und den zwei MP-Zahlen befindet, die nur zwei Positionen auseinanderliegen. Als Hilfe zum Abzählen könnte man auch den nachfolgenden dreißigzackigen Stern nehmen.

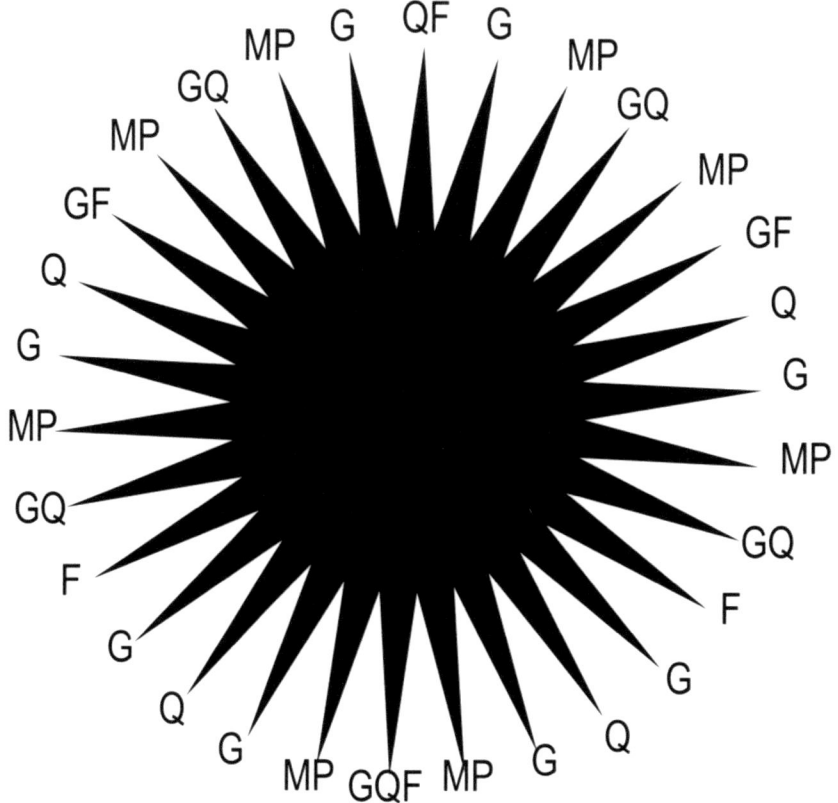

Das Abzählen führt uns auf Positionen, hinter denen man potentielle Primzahlzwillinge vermuten könnte. Diese lägen bei QF +/- 14 mit QF +/- 16, bei QF +/- 26 mit QF +/- 28, bei QF +/- 32 mit QF +/- 34, bei QF +/- 44 mit QF +/- 46 u.s.f.

Das Problem ist hierbei jedoch, dass die meisten Summanden und Subtrahenden durch das Vielfache einer Primzahl teilbar wären. Würde man mit diesen Primzahlen und der 3 und 5 eine QF- Zahl bilden, dann wäre an einigen Positionen QF plus oder minus dem Vielfachen dieser Primzahl, eine Zahl vorzufinden, die eben durch die Primzahl teilbar wäre. Damit gäbe es an dieser Position keine Primzahl. Wenn ich z.B. eine Zahl aus 3 x 5 x 7 bilde, dann sind zwar QF +/- 2 und QF +/- 4 nicht durch 7 teilbar, weil die 7 bis zur nächsten Zahl an die Position QF +/- 7 springt, aber dafür wäre die Position QF +/- 14 durch 7 teilbar und es gäbe an dieser Stelle keine Primzahl. Dadurch könnte es an der nächsten Position bei QF +/- 16 zwar eine Primzahl geben, sofern man ein Produkt aus 3 x 5 x 7 x 11 x 13 gebildet hat und sofern QF +/- 16 nicht durch eine größere Primzahl als 13 teilbar wäre, da aber QF +/- 14 bereits durch 7 teilbar war, kann QF +/- 14 mit QF +/- 16 keinen Primzahlzwilling mehr bilden. Sofern man nur nach Primzahlzwillingen sucht und nicht nach einzelnen Primzahlen, erübrigt sich also auch die Prüfung, ob QF +/- 16 durch größere Primzahlen als 13 teilbar ist. Das gleiche Problem schaffen auch die nächsten potentiellen Lücken.

Bei Produktbildung einer QF- Zahl mit 13 wäre QF +/- 26 durch 13 teilbar oder bei Produktbildung einer QF- Zahl mit 7 wäre QF +/- 28 durch 7 teilbar. QF +/- 34 schafft Probleme bei Verwendung der Zahl 17, weil 34 durch 17 teilbar ist, QF +/- 44 schafft Probleme bei Verwendung der Zahl 11, QF +/- 46 bei Verwendung der Primzahl 23 u.s.f.

Es sind zwar auch noch Lücken zu finden, die bei Verwendung von Primzahlen mit QF- Zahlen nicht durch die beteiligten Primzahlen teilbar sind z.B. QF +/- 32. Zwei aufeinanderfolgende Lücken, die Primzahlzwillinge begünstigen, werden bei Summanden oder Subtrahenden größer als 4 aber nicht mehr zu finden sein, sofern man nach gleichem Muster wie oben eine QF – Zahl als Produkt aus 3, 5 und den jeweils folgenden Primzahlen bildet. Der Grund wurzelt in der Eigenschaft der Summanden oder Subtrahenden. Das Addieren bzw. Subtrahieren der Summanden bzw. Subtrahenden von einer QF- Zahl ausgehend, führt laut dem dreißigzackigen Stern zu MP-Zahlen, die nicht durch 2, 3 und 5 teilbar sind. Auch bei diesen MP-Zahlen handelt es sich entweder um Primzahlen oder Verszahlen. Wenn ich aber nach der oben benutzten Methode fortfahre, dann lassen sich einige von diesen MP-Zahlen als Verszahlen enttarnen. Es sind jene, deren Summanden und Subtrahenden durch Primzahlen teilbar sind. Ich hatte gesagt, dass der Grund in der Eigenschaft, der Summanden und Subrahenden wurzelt. Dies liegt daran, weil der Abstand vom QF ausgehend bis zur nächsten MP – Zahl immer nur zwei Typen von Zahlen bzw. Summanden und Subtrahenden hervorbringt. Zu diesen Typen gehören keine durch 3 und 5 teilbaren Zahlen, weil diese nicht zu MP-Zahlen führen. Als Rest für Summanden und Subtrahenden bleiben somit nur noch gerade Zahlen übrig, die eben nicht durch 3 und 5 teilbar sind. Der erste Typ sind jene geraden Zahlen, die durch 2 und Primzahlen größer / gleich 7 teilbar sind. Der andere Typ sind Zahlen, die nur durch 2 oder Potenzen der 2 teilbar sind. Summanden oder Subtrahenden des ersten Typs können, wenn nach obigem Muster verfahren wird, außer Acht gelassen werden. Wenn nämlich die Summanden oder Subrahenden durch eine an der Bildung einer QF- Zahl beteiligten Primzahlen teilbar sind, dann erscheinen in den Lücken bei QF plus oder minus dieses Summanden oder Subtrahenden Verszahlen, die keine Primzahlen sein können. Summanden oder Subtrahenden des zweiten

Typs hingegen schaffen, sofern nach obigem Muster verfahren wird, bei Addition oder Subtraktion vom QF ausgehend, Lücken, in denen es potentielle Kandidaten für Primzahlen geben könnte, weil alle an der Bildung der QF- Zahl beteiligten Primzahlen durch Subtraktion oder Addition vom QF ausgehend, diese Lücken nicht füllen können. Demzufolge können entweder nur Primzahlprodukte aus Primzahlen, die nicht an der Bildung der QF- Zahl beteiligt waren, diese Lücken füllen oder es lassen sich in diesen Lücken neue Primzahlen entdecken.

Wenn man also nach dem obigen Muster verfährt, dann liegen Lücken für potentielle Primzahlkandidaten bei QF +/- 2 (2^1), QF +/- 4 (2^2), QF +/- 8 (2^3), QF +/- 16 (2^4), QF +/- 32 (2^5), QF +/- 64 (2^6), QF +/- 128 (2^7), QF +/- 256 (2^8), QF +/- 512 (2^9), u.s.f. bzw. immer bei QF +/- 2^n. Da die einzigen Lücken, die nur einen Abstand von 2 haben, bei $QF - 4$ mit $QF - 2$ und bei $QF + 2$ mit $QF + 4$ liegen, können auch nur hier, wenn nach obigen Muster verfahren wird, potentielle Primzahlzwillinge zu entdecken sein.

Die zweite Symmetrie schafft der GQF. Er steht für eine Zahl, die durch 2, 3 und 5 teilbar ist. Die Positionen an denen von ihm aus gezählt, MP-Zahlen und auch potentielle Primzahlzwillinge sein können, erscheinen an anderen Stellen als beim QF. Das ist nicht verwunderlich, weil er anders als der QF für eine gerade Zahl steht. Ein potentieller Primzahlzwilling könnte bei $GQF + 1$ und $GQF - 1$ zu finden sein. Bei der Zahl 30, die zugleich durch 2, 3 und 5 teilbar ist, ist dies tatsächlich der Fall, weil 29 und 31 Primzahlen sind.

Weitere Positionen für potentielle Primzahlzwillinge liegen bei GQF +/- 11 mit GQF +/- 13, bei GQF +/- 17 mit GQF +/- 19, bei GQF +/- 29 mit GQF +/- 31, bei GQF +/- 41 mit GQF +/- 43 u.a.

Es gibt jedoch einen Nachteil, den der GQF gegenüber dem QF hat. Dieser erscheint immer dann, wenn man eine Zahl, die durch 2, 3 und 5 teilbar ist, mit einer Primzahl größer gleich 7 multipliziert. Zwar schafft das Produkt aus jenen Zahlen bei GQF + 1 und − 1 jeweils eine Lücke, deren darin erscheinende Zahlen weder durch 2, 3, 5 oder der beteiligten Primzahlen größer/gleich 7 teilbar sind, andere Lücken werden jedoch durch diese Zahlenbildung geschlossen. Multipliziere ich eine durch 2, 3 und 5 teilbare Zahl z.B. mit der Zahl 7, so befindet sich vom Produkt ausgehend in den Positionen plus und minus dieser Primzahl, eine durch 7 teilbare Zahl. Wiederhole ich dies mit der Primzahl 11, dann kann man garantiert sagen, dass die Zahlen GQF + 11 und GQF − 11 Verszahlen sind, da sie nicht durch 2, 3 und 5 teilbar sind, aber durch 11.

In Kapitel 3 wurde schon einmal beim Unendlichkeitsbeweis mit einer Zahl operiert, die durch 2, 3 und 5 teilbar ist.

Mit der Formel $N = 2 \times 3 \times 5 \times 7 \times 11 \ldots \times P$ hatte ich das Produkt einer großen Zahl gebildet. Dabei kam ich zu dem Ergebnis, dass alle Primzahlen bis P zum Zeitpunkt N + 1 und N − 1 nicht auf den absoluten Nordpunkt zeigen. Daher sind sie zu diesem Zeitpunkt nicht an der Bildung einer Zahl durch Multiplikation beteiligt. Da N durch 2, 3 und 5 teilbar ist, weiß ich jetzt, dass N eine Zahl des Formats GQF ist. Dies hat zur Konsequenz, dass alle Zahlen, die an der Bildung von GQF beteiligt waren als

Summanden oder Subtrahenden von GQF ausgehend, Lücken schließen, in denen es ohne ihre Beteiligung am Produkt, potentielle Primzahlen gegeben hätte. So ist N +/- 2 durch 2 teilbar, N +/- 3 ist durch 3 teilbar. N +/- 5 ist durch 5 teilbar, N +/- 7 ist durch 7 teilbar, N +/- 11 ist durch 11 teilbar ... und N +/- P ist durch P teilbar. Ebenso sind auch die Zahlen, die sich bei N +/- jenen Verszahlen befinden, die noch aus dem Bereich bis P stammen und sich durch Produkte von 7 bis P erzeugen ließen, durch eben diese Verszahlen teilbar. N +/- 77 bringt daher keine Primzahlen hervor, eben weil die an dieser Stelle erscheinenden Zahlen, sowohl durch 7 als auch durch 11 teilbar wären. Selbst N +/- 7^n bringt keine Primzahlen hervor. Obwohl 7^n an der Bildung von N nicht als Multiplikator beteiligt war, wäre N +/- 7^n dennoch durch 7 teilbar. Somit wäre auch an dieser Stelle keine Primzahl zu entdecken. Bis auf die Stelle N +/- 1 ließe sich bis N +/- P keine weitere Primzahl finden. Wenn jetzt noch N +/- 1 beides Produkte aus Primzahlen sind, die größer als P sind, dann würde man zwischen $N - P$ und $N + P$ gar keine Primzahlen finden. Von $N - P$ bis $N - 1$ und von $N + 1$ bis $N + P$ erscheinen somit garantiert keine Primzahlen, weil alle MP-Zahlen, die in diesen Bereichen erscheinen durch die Primzahlen von 7 bis P teilbar wären. Von allen MP-Zahlen in diesen Bereichen könnte man somit sagen, dass es sich um Verszahlen handelt. Zwar ist die primzahlfreie Strecke von $N - P$ bis $N - 1$ sehr groß, aber im Verhältnis zu der gewaltig großen Zahl N dürfte diese Strecke verschwindend klein erscheinen.

Vor $N - P$ ist es jedoch wieder möglich, dass hier Primzahlen in Lücken

erscheinen. Eine Zahl, die vor $N - P$ liegt ist $\dfrac{N}{2}$.

N wurde gebildet aus $2 \times 3 \times 5 \times 7 \times 11 \times \ldots \times P$, demzufolge ist

$$\dfrac{N}{2} = 3 \times 5 \times 7 \times 11 \times \ldots \times P.$$

Im weiteren möchte ich für $\dfrac{N}{2}$ den Buchstaben L verwenden. L ist nur um

die Hälfte so groß wie N und da $L = 3 \times 5 \times 7 \times 11 \times \ldots \times P$ ist, ist L nicht weiter durch 2 teilbar, aber durch 3 und 5. Somit entspricht L der Symmetrie von QF.

Von QF aus betrachtet, verhalten sich die für GQF erscheinenden Sachverhalte anders. Während der GQF das Erscheinen von Primzahlen eher verhindert hat, begünstigt der QF das Erscheinen an den Stellen QF $+/- 2^n$. Dies liegt daran, weil alle an L beteiligten Primzahlen von L ausgehend als Summanden und Subtrahenden eine Zahl bilden, die durch 2 teilbar ist. Wie bereits gezeigt, erreichen nur gerade Summanden und Subtrahenden von QF ausgehend, die Lücken, in denen MP-Zahlen auftauchen. Geschlossen werden können aber nur die Lücken von QF ausgehend, deren Summanden oder Subtrahenden gerade Vielfache der an L beteiligten Primzahlen sind, nicht aber die Lücken deren Summanden dem Format 2^n entsprechen.

Wenn ich z.B. L +/- 7 nehme, so ist diese Zahl durch 2 teilbar, aber sie füllt nicht die Lücken, die bei L +/- 2 und L +/- 4 entstehen. Während alle bis auf zwei Lücken im Umfeld von N noch durch die an diesem Produkt beteiligten Primzahlen geschlossen wurden, bleiben im Bereich von L bis L +/- P die Lücken des Formats L +/- 2^n erhalten, weil sich erstens alle an diesem Produkt beteiligten Primzahlen in der Funktion als Summand und Subtrahend von L ausgehend, auf geraden und damit durch 2 teilbaren Zahlen positionieren und weil sich zweitens die geraden Vielfachen der beteiligten Primzahlen in der Funktion als Summand oder Subtrahend von L ausgehend, nicht auf die Lücken bei L +/- 2^n positionieren. Primzahlen, die am Produkt L beteiligt waren, verhindern somit weniger Lücken im Umfeld von L. Diese Lücken können somit potentielle Primzahlen und Primzahlzwillinge hervorbringen, sofern sich in diese Lücken keine Produkte aus Primzahlen größer als P positionieren.

Im Vergleich zu N schafft L einen potentiellen Kandidaten mehr für einen Primzahlzwilling und mehr Kandidaten für weitere einzelne Primzahlen. Da eine Zahl L sehr groß ist, kann es in ihrem Umfeld bis L +/- P auch sehr viele Positionen des Formats L +/- 2^n geben.

Ich möchte, die Lücken jetzt aber noch einmal von einer anderen Seite betrachten und zwar von der Seite einzelner Primzahlen. Es geht dabei um die Frage, wie viele Lücken von MP-Zahlen im dreißigzackigen Stern eine Primzahl größer / gleich 7 überhaupt schließen kann. Dafür möchte ich mir noch einmal den dreißigzackigen Stern mit den verschiedenen Teilbarkeitstypen genauer anschauen.

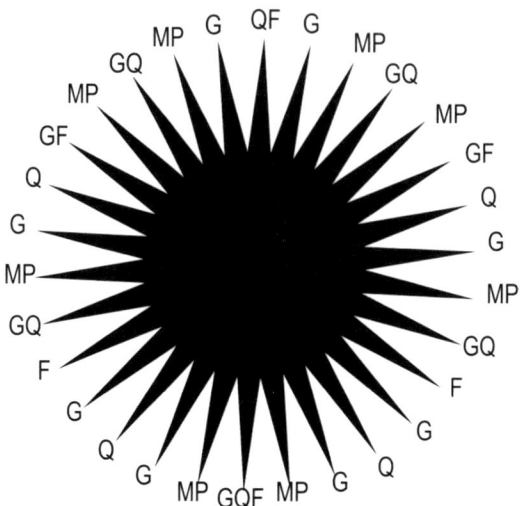

In ihm sind acht verschiedene Typen von Teilbarkeiten verborgen, wobei der Typ der MP – Zahlen sich noch in zwei weitere unterteilen lässt, nämlich nach Primzahlen und Verszahlen. Die Abfolge der acht Typen wiederholt sich alle dreißig Zahlen. Zugleich sind aber auch alle dreißig Zahlen und damit auch die Typen, Multiplikanden. Wenn ein Primzahl-Multiplikator größer / gleich 7 mit diesen Multiplikanden ein Produkt bildet, dann folgen die Produkte ebenso einem bestimmten Rang. Der Teilbarkeitstyp des Multiplikanden ist dabei immer gleich dem Produkt aus der Multiplikation.

 - *Dies gilt jedoch nur für Primzahl-Multiplikatoren und Multiplikanden größer/gleich 7 sowie dessen Produkte. Eine Multiplikation mit 2 führt hingegen immer zu geraden Zahlen, egal welcher Typus der Multiplikand hat. Gleiches gilt für eine Multiplikation mit der Zahl 3 oder 5. Auch dessen Produkte führen immer nur zu durch 3 oder 5 teilbare Typen, egal welcher Typus der Multiplikand hat. Bei dem Aufeinandertreffen der Multiplikatoren 2, 3 und 5 auf die Multiplikanden des 30er Zyklus ergeben sich also nicht die gleichen Typen, wie die des Multiplikanden. Dieser Regelmäßigkeit folgen*

nur die Primzahlen größer / gleich 7 –

Das sieht am Beispiel der Primzahl 7 wie folgt aus: Zunächst beginnt sie

nach   ihrer   Entstehung   ihre   erste   Rotation.

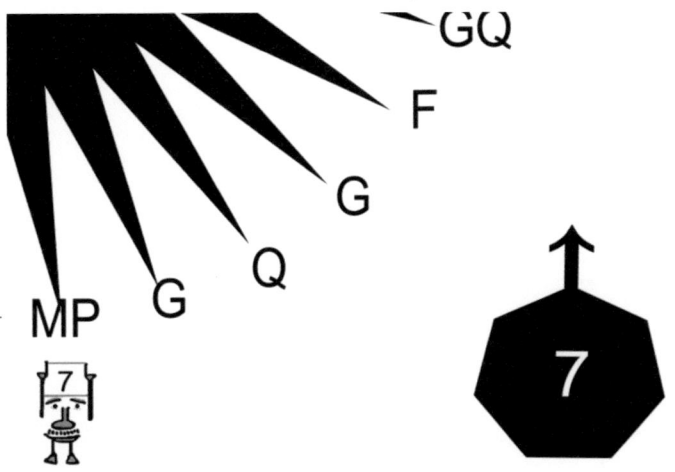

Wenn sie diese vollendet hat, dann bildet sie mit der G- Zahl 2 das G –

Produkt 14. Die 7 als Multiplikator orientiert sich dabei ebenso am Stern.

Sie   bewegt   sich   um   einen   Zacken   weiter.

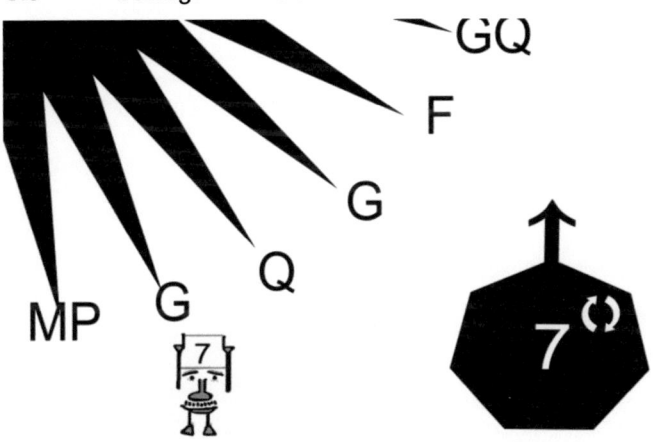

Das Produkt 14, das sie jedoch bildet, springt um sieben Stellen weiter. Auch dies könnte man am Stern veranschaulichen. Das nächste Produkt der Zahl 7 bewegt sich also auf den nachfolgend siebten Zacken.

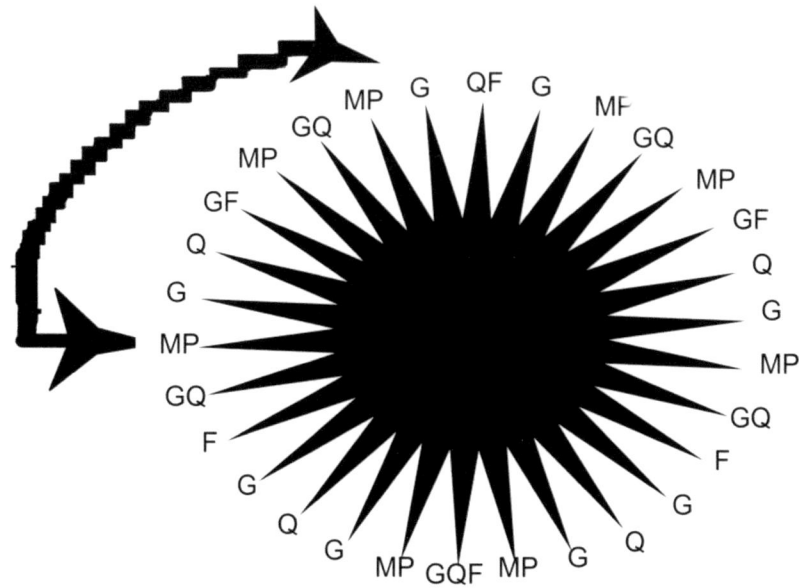

Dabei hinterlässt es jedoch eine Lücke von sechs Stellen. Bei der nächsten Rotation wiederholt sich der Vorgang. Jetzt bildet die Zahl 7 mit der Q-Zahl 3 das Q- Produkt 21. Die 7 bewegt sich dabei um einen Zacken von dem G-Zacken zum Q – Zacken. Ihr Produkt springt jedoch um sieben Zacken auf einen Q – Zacken. Es entsteht somit wieder eine Lücke von sechs Zahlen, welche nicht durch ein Produkt der Zahl 7 berührt werden. In der ersten Lücke hat die 7 bereits zwei MP-Zahlen nicht berührt (11 und 13). In ihrem Sprung von der 14 zur 21 sind es wieder zwei MP – Zahlen (17 und 19). Bei der nächsten Produktbildung 28 mit der G- Zahl 4 überspringt die

7 eine MP-Zahl (23), bei der Produktbildung 35 mit der F- Zahl 5 überspringt die 7 wieder zwei MP – Zahlen (29 und 31) und bei der Produktbildung 42 mit der GQ – Zahl 6 überspringt die 7 nochmals zwei MP – Zahlen (37 und 41). Bei der nächsten Produktbildung 49 mit der MP-Zahl 7 sind es wieder zwei MP- Zahlen (43 und 47). Da die 7 jetzt mit einer MP – Zahl ein Produkt bildet, hat auch das Produkt den Teilbarkeitstypen MP. Die Zahl 49 ist somit die erste MP-Zahl, die von der Zahl 7 nicht übersprungen wurde. Erst an dieser Stelle verhindert die Zahl 7 das Erscheinen einer Primzahl.

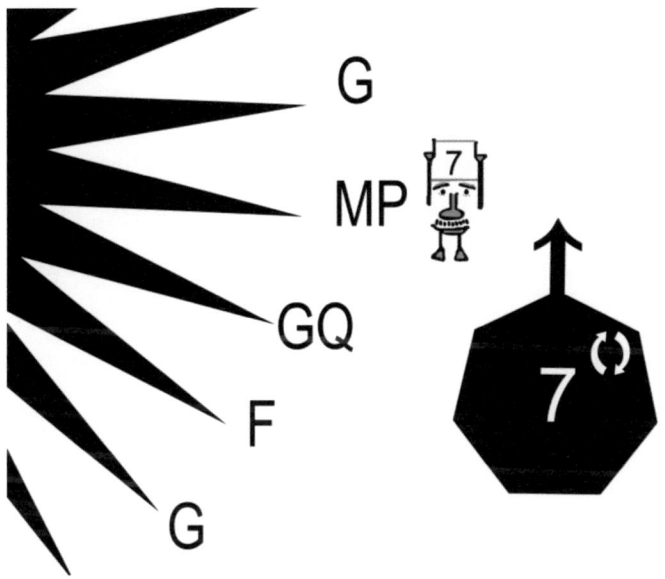

Von 7 bis 49 hat die 7 somit 41 Zahlen hinterlassen und zwischen diesen keine einzige Verszahl gebildet.

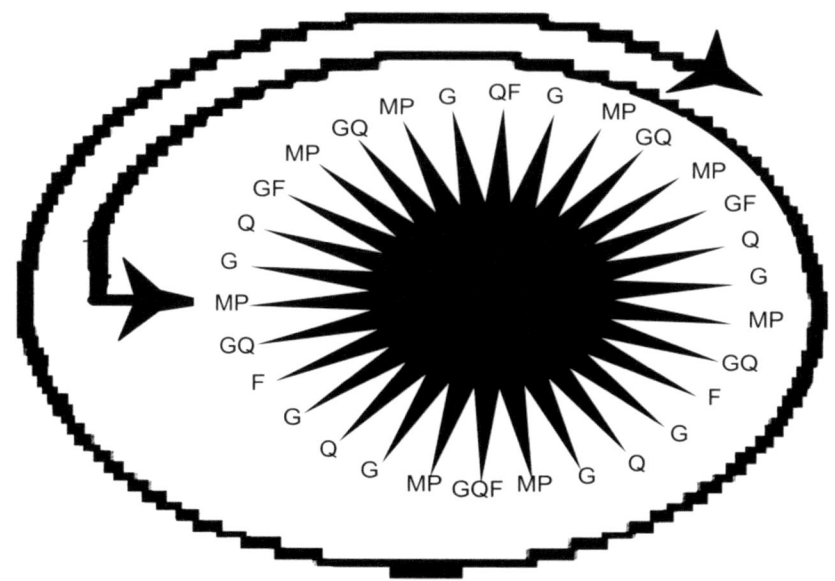

Der Sprung ist somit größer als die dreißig Zahlen, die ein Stern hervorbringt. In diesem Sprung hat die 7 elf MP-Zahlen nicht berührt, die sogar allesamt Primzahlen sind, weil ihr Entstehen auch nicht durch größere Primzahlen als 7 verhindert wurde. Innerhalb des 30er Zyklus gibt es für jede Primzahl als Multiplikator jedoch unterschiedlich große Sprünge, bei denen es zu keiner MP-Zahlen Berührung kommt. Dies wird erkennbar, wenn man die Rangfolge betrachtet.

GF	MP	GQ	MP	G	QF	G	MP	GQ	MP
GF	Q	G	MP	**GQ**	**F**	**G**	**Q**	**G**	MP
GQF	MP	**G**	**Q**	**G**	**F**	**GQ**	MP	G	Q

Die größte Lücke für die Nicht-Berührung einer MP-Zahl, erfolgt, wenn ein Primzahl-Multiplikator auf die Multiplikanden- Rangfolgen GQ, F, G, Q, G oder G, Q, G, F, GQ trifft. Die Anzahl der Stellen in jenen Lücken, für die eine Primzahl n als Multiplikator keine MP-Zahl berührt, beträgt dabei

$(6 \times n) - 1$. Für die Primzahl 7 heißt das also, dass sie für maximal 41 Stellen keine MP-Zahl berührt, für die Primzahl 11 sind es maximal 65 Stellen und für die Primzahl 13 sind es maximal 77 Stellen. Es zeigt sich somit, dass eine einzelne Primzahl einen sehr großen Sprung machen kann, bei dem sie das Entstehen einer Primzahl in den Bereichen zwischen ihrem Sprung nicht verhindert. Je größer die Primzahl ist, umso größer ist auch die Anzahl übersprungenen Bereiche, in denen sie kein Primzahlen verhinderndes Produkt bildet. Bei der Primzahl 1.699 beträgt der größte Sprung z.B. 10.193 Stellen. Da in 10.000 Zahlen 2.665 MP-Zahlen erscheinen, heißt das, dass die 1.699 bei ihrem größten Sprung mehr als 2.665 MP-Zahlen in Lücken nicht berührt und die Entstehung von Primzahlen in diesen Lücken somit nicht verhindert. Interessant ist auch, dass jede Primzahl als Multiplikator mit dem Multiplikanden – Rang des Formats G, Q, G, F, GQ startet, somit hinterlässt sie $(6 \times n) - 1$ Stellen an Zahlen vor der ersten Verszahlenbildung und sie bildet in ihren ersten Multiplikationen nur Zahlen, die durch 2, 3 und 5 teilbar sind.

GF	MP	GQ	MP	**G**	**QF**	**G**	MP	GQ	MP
GF	**Q**	**G**	MP	GQ	F	G	Q	G	MP
GQF	MP	G	Q	G	F	GQ	MP	**G**	**Q**

Die nächst kleinere Lücke für die Nicht-Berührung einer MP-Zahl, erfolgt, wenn ein Primzahl-Multiplikator auf die Multiplikanden- Rangfolgen G, Q, GF oder G, QF, G oder GF, Q, G trifft. Die Anzahl der Stellen in jenen mittelgroßen Lücken, für die eine Primzahl n als Multiplikator keine MP-Zahl berührt, lässt sich dabei mit $(4 \times n) - 1$ berechnen.

GF	MP	**GQ**	MP	G	QF	G	MP	**GQ**	MP
GF	Q	G	MP	GQ	F	G	Q	G	MP
GQF	MP	G	Q	G	F	GQ	MP	G	Q

Die letzte Art und zugleich kleinste Form von Lücke für die Nicht-Berührung einer MP-Zahl, erfolgt, wenn ein Primzahl-Multiplikator auf einen Multiplikator des Formats GQ oder GQF trifft, der zwischen zwei MP-Zahlen Multiplikatoren liegt. Die Anzahl der Stellen in jenen Lücken, für die eine Primzahl n als Multiplikator keine MP-Zahl berührt, lässt sich dabei mit $(2 \times n) - 1$ berechnen.

Die jeweiligen Größen der Sprünge für die Nicht-Berührung einer MP- Zahl folgen einer sich wiederholenden Abfolge. Sie starten mit der Größe des Formats $(6 \times n) - 1$. Darauf folgen die Formate $(4 \times n) - 1$, $(2 \times n) - 1$, $(4 \times n) - 1$, $(2 \times n) - 1$, $(4 \times n) - 1$, $(6 \times n) - 1$ und $(2 \times n) - 1$.

Die Größe der Sprünge eines Multiplikators von einer MP-Zahlenbildung zur nächsten folgt demzufolge in der ebenso sich wiederholenden Abfolge groß – mittelgroß – klein – mittelgroß – klein – mittelgroß – groß – klein.

Bei der Definition der MP – Zahlen hatte ich ja bereits die durch 2, 3 und 5 teilbaren Zahlen ausgeschlossen. In einem Intervall von 30 Zahlen verblieb ein Rest von acht Zahlen, die für mögliche Primzahlen oder Primzahlprodukte aus Primzahlen größer gleich 7 stehen. Wie sich gezeigt hat, kann eine einzelne Primzahl größer gleich 7 die Lücken, in denen es mögliche Primzahlen geben könnte, nicht schließen. Obwohl die Zahl 7

nach 2, 3 und 5 die nächst kleinste Primzahl ist, kann sie nur einen kleinen Teil der MP-Lücken schließen und dadurch das Erscheinen von Primzahlen verhindern. Bis zur 700 gibt es 185 Lücken von MP-Zahlen, davon berührt die Zahl 7 aber nur 25 Lücken, weil sie bis zum hundertfachen ihres Wertes an der Bildung von 25 Verszahlen beteiligt ist. Die Zahl 11 berührt von den 185 Lücken gerade einmal 16 Lücken. Dazu kommt, dass eine dieser Lücken (77) bereits durch 7 berührt wurde. Demzufolge könnte man sagen, dass die Zahlen 7 und 11 zusammen bis zur Zahl 700 von 185 Lücken nur 25 + 15 = 40 Lücken berühren. Es verbleibt somit ein Rest von 140 Lücken, die Primzahlprodukte von Primzahlen größer gleich 13 schließen müssten, damit es keine Lücken mehr gäbe. Der vorausgehende Abschnitt hat aber gezeigt, dass die Sprünge, die größere Primzahlen machen auch immer größer werden. Die Bildung der ersten Verszahl ist erst beim siebenfachen ihres Wertes möglich und dadurch hinterlässt sie $(6 \times n) - 1$ Zahlen für die sie das Erscheinen einer Primzahl nicht verhindert.

Ein interessanter Sachverhalt ist auch mit Blick auf den Abstand zwischen zwei MP-Zahlen innerhalb des 30er Zyklus zu entdecken.

GF	**MP**	GQ	**MP**	G	QF	G	**MP**	GQ	**MP**
GF	Q	G	**MP**	GQ	F	G	Q	G	**MP**
GQF	**MP**	G	Q	G	F	GQ	**MP**	G	Q

Der Mindestabstand und zugleich kleinste Abstand zwischen zwei MP-Zahlen beträgt 2. Der größte Abstand beträgt hingegen 6. Dies hat zur Konsequenz, dass ein Primzahl-Multiplikator größer gleich 7 von einer Multiplikation zur nächsten schon mindestens eine MP-Zahl nicht berührt. In einigen Sprüngen der Primzahl 7 bleiben sogar zwei MP-Zahlen unberührt.

Die Primzahl 11 hingegen überspringt schon mindestens zwei MP-Zahlen pro Multiplikation. Im günstigen Fall sogar schon bis zu vier MP-Zahlen. Die Primzahl 13 überspringt mindestens drei bis maximal vier MP-Zahlen pro Multiplikation.

Im 30er Zyklus haben von acht MP-Zahlen drei mit jeweils drei anderen MP-Zahlen einen Abstand von nur 2. Sollten alle Primzahl-Multiplikatoren diese drei MP-Zahlenzwillinge überspringen, dann wären an diesen Stellen Primzahlzwillinge zu entdecken. Je nachdem mit welchem Teilbarkeitstypen die Primzahl 7 die vorausgehende Multiplikation eingegangen ist, in einigen Fällen reicht bereits der Sprung bzw. die Rotation von einer Multiplikation zur nächsten aus, um nicht mit einem MP-Zahlenzwilling in Berührung zu kommen. Bei der Primzahl 7 ist dies zum Beispiel in ihren Sprüngen von der 7 zur 14 oder der 14 zur 21 der Fall. In beiden Fällen überspringt sie MP-Zahlenzwillinge. Hier hatte sie eine günstige Startposition. Um aber in jedem Fall mindestens einen MP-Zahlenzwilling zu überspringen, müssen mindestens 13 Zahlen übersprungen werden. Bis auf die Primzahlen bis 13 überspringen demzufolge alle Primzahlen größer als 13 mindestens einen MP-Zahlenzwilling pro Multiplikation. Für die Primzahlen 7, 11 und 13 hängt das Überspringen eines MP-Zahlenzwillings von einer Multiplikation zur nächsten also damit zusammen, welche Zahl zuletzt gebildet wurde. Da jedoch jeder Primzahl-Multiplikator bei jedem zweiten Sprung eine gerade Zahl bildet, entspricht die minimale Lücke, in der keine MP-Zahlen berührt werden, wie ich bereits gezeigt hatte, $(2 \times n) - 1$. Dies hat die Konsequenz, dass bereits die Primzahl 11 beim Sprung von einer ungeraden Zahl zur nächsten eine Lücke von 21 Zahlen hinterlässt. Daher überspringt die 11 bei jeder Multiplikation mit einer ungeraden Zahl zur nächsten automatisch einen MP-Zahlenzwilling. Von allen Primzahlen größer / gleich 7 ist die 7 die einzige, die in ungünstiger Startposition keinen MP-Zahlenzwilling überspringt und stattdessen in einer der beiden Lücken des MP- Zahlenzwillings eine Verszahl bildet. Die Primzahlen größer als 7 bilden zwar auch in diesen Lücken Verszahlen, doch dann haben sie schon mindestens einen MP-Zahlenzwilling übersprungen.

Von einzelnen Primzahlen lässt sich also sagen und zeigen, dass sie für sich genommen zureichend Lücken erzeugen, in denen es Primzahlen und Primzahlen geben könnte. Das Problem schafft aber vielmehr das Zusammenspiel aller Primzahlen, da alle Primzahlen Produkte bilden, die Lücken schließen. Selbst wenn viele Primzahlen, wie bei N und L gemeinsam ein Produkt erzeugen, dadurch Lücken im Umfeld von N und L hinterlassen, heißt dies nicht, dass nicht auch größere Primzahlenprodukte aus Primzahlen größer als die an N und L beteiligten, nicht diese Lücken schließen. Dies kann aus dem Grunde gut möglich sein, weil sich nämlich die Bereiche der an N oder L beteiligten Primzahlen von 2 bis zu der größten beteiligten Primzahl P, von $L - P$ bis $L + P$ und von $N - P$ bis $N + P$ im Verhältnis zu dem Bereich P bis $L - P$ oder P bis $N - P$ als sehr klein erweisen. Demzufolge kann es von P bis $L - P$ oder $N - P$ sehr viele neue Primzahlen geben, die alle untereinander Produkte bilden können, die sich in jenen Lücken platzieren. Nichts desto trotz offenbaren große gemeinschaftliche Primzahlprodukte einen wesentlichen Aspekt. Nämlich jenen, dass man sehr viele große Primzahlprodukte des Formats L oder N bilden kann. Für jede Zahl N findet sich schon einmal bei $N - 1$ mit $N + 1$ ein MP-Zahlenzwilling, der potentieller Kandidat für einen Primzahlzwilling sein könnte. Bei L wiederum erscheinen zwei zusätzliche MP

167

Zahlenzwillinge bei $L - 4$ mit $L - 2$ und $L + 2$ mit $L + 4$. Zusammengenommen sind das drei potentielle Lücken für Primzahlzwillinge. Da man aber aus beliebig vielen Primzahlen Zahlen des Formats N und L bilden kann, erscheinen auch beliebig viele Lücken. Die Formate N und L behindern dabei die jeweils vorherige insofern nicht, weil der Abstand zu dem nächst größeren auch enorm groß ist. Dies möchte ich einmal an folgendem Beispiel deutlich machen. Wenn ich eine Zahl $N1$ aus den ersten eine Million Primzahlen bilde, dann ist sowohl $N1$ als auch $L1$ kleiner als jenes $N2$ und $L2$, das aus den ersten eine Million und eins Primzahlen gebildet wurde. Dies liegt daran, weil die erste Zahl $L1$ nur um die Hälfte so groß ist wie die erste Zahl $N1$. Die zweite Zahl $N2$ ist aber um mehr als das Millionenfache größer als die erste Zahl $N1$, eben weil der eine Primzahl-Multiplikand $P1.000.001$ mehr, aufgrund seiner Größe, das Produkt $N2$ in einen viel höheren Dezimalbereich führt. Daher ist auch die zweite Zahl $L2$ größer als die erste Zahl $N1$. Natürlich kann der eine Primzahl-Multiplikand $P\,1.000.001$ mehr bei der zweiten Zahl $N2$ ein Produkt in den Lücken im Umfeld der ersten Zahl $N1$ bei $N1 - 1$, $N1 + 1$, $L1 - 4$, $L1 - 2$, $L1 + 2$, $L1 + 4$ bilden, doch auch hierbei sind seine Möglichkeiten begrenzt.

Wenn er z.B. bei $N1 - 1$ ein Produkt bildet, dann verhindert er schon einmal einen potentiellen Primzahlzwilling. Interessanter ist aber der Blick auf ihn, wenn man sagt, er bildet ein Produkt bei $L1 - 4$. Dann verhindert er zwar den potentiellen Primzahlzwilling bei $L1 - 4$ mit $L1 - 2$, aber dann kann er zugleich nicht auch noch den potentiellen Primzahlzwilling bei $L1 + 2$ mit $L1 + 4$ verhindern. Dies können dann nur noch Produkte aus

Primzahlen, die größer als $P1.000.001$ sind. Dies liegt daran, weil $P1.000.001$ von einer Multiplikation zur nächsten einen sehr großen Sprung macht und eine gewaltig große Lücke hinterlässt, in der $P1.000.001$ keine Produkte bildet, wobei zwischen $L1 - 4$ und $L1 + 4$ nur ein Abstand von 8 liegt. Da bis auf die Primzahlen 2, 3, 5 und 7 alle weiteren größer als 8 sind, können generell alle Primzahlen größer als 7 nur an einem Produkt innerhalb dieser Lücke beteiligt sein. Damit also alle vier MP-Zahlen zwischen $L1 - 4$ und $L1 + 4$ Verszahlen sind, erfordert dies die Beteiligung an den Produkten in diesen Lücken von mindestens vier Primzahlen, die größer als die $1.000.000$ste Primzahl sind.

Damit es generell keine Primzahlen in dem Umfeld um QF - Zahlen von $QF - 4$ bis $QF + 4$ gibt, müssen immer mindestens vier verschiedene Primzahlen größer gleich 7 in den vier MP-Lücken Produkte bilden. Warum dies für alle Primzahlen größer als 7 notwendig ist, hatte ich erklärt. Doch auch die 7 kann nur in maximal einer der vier Lücken an einer Verszahl beteiligt sein.

MP	GQ	MP	G	**QF**	G	MP	GQ	MP

Dies liegt daran, weil sie von einer Multiplikation zur nächsten, entweder erst auf einen geraden Multiplikanden trifft und dann auf einen ungeraden oder erst auf einen ungeraden und dann auf einen geraden. Dadurch kann sie von einer Multiplikation zur nächsten niemals zweimal direkt hintereinander eine Verszahl bilden, so dass sie ebenso innerhalb dieses 8er Abstandes maximal nur eine Verszahl bildet.

Damit die beiden potentiellen Primzahlzwillinge im Umfeld um den QF verhindert werden, müssen mindestens zwei verschiedene Primzahlen größer gleich 7 Produkte bilden.

Natürlich können an den potentiellen Produkten in diesen Lücken beliebig viele Primzahlen beteiligt sein. Das hängt davon ab, ob es sich bei den Produkten um Potenzzahlen aus nur einer Primzahl handelt oder um Produkte, die aus mehreren Primzahlen gebildet wurden. Entscheidend ist aber, dass nicht weniger Primzahlen, als die jeweils angegebenen, Produkte in diesen Lücken bilden. Ansonsten erscheinen in ihnen neue Primzahlen oder sogar Primzahlzwillinge.

Ich hatte bereits gesagt, dass jede Primzahl für sich genommen zureichend Lücken hinterlässt und auch jede für sich genommen einer bestimmten Ordnung folgt. Diese Ordnung hat bei allen Primzahlmultiplikationen das gleiche Muster. Die Abstände, die bei der MP-Zahlenbildung eines Multiplikators erscheinen, wiederholen sich immer nach der Abfolge groß – mittelgroß – klein – mittelgroß – klein – mittelgroß – groß – klein. Wenn man diese Sprünge mit dem Weitsprung vergleicht, dann springt jede größere Primzahl bei ihrem ersten Sprung weiter als jede kleinere. Dies heißt, sie bildet schon viel weiter entferntere Verszahlen, überspringt dafür aber mehr Lücken, in denen potentielle Primzahlen erscheinen.

Für sich genommen kann man sagen, dass ein großer Sprung einer größeren Primzahl immer größer ist als ein großer Sprung einer kleineren Primzahl. Gleiches gilt für die mittelgroßen und kleinen Sprünge. Ein mittelgroßer Sprung einer größeren Primzahl ist immer größer als ein mittelgroßer Sprung einer kleineren Primzahl und ein kleiner Sprung einer größeren Primzahl ist immer größer als ein kleiner Sprung einer kleineren Primzahl. In diesem Sachverhalt bleiben die Primzahl-Multiplikatoren in einer

Ordnung. Das Problem schaffen jedoch die Verhältnisse unterschiedlich großer Sprünge zueinander. So kann ein kleiner Sprung einer größeren Primzahl kleiner sein, als ein großer Sprung einer kleineren Primzahl. Dieser Sachverhalt plus der Sachverhalt, dass alle Primzahl-Multiplikatoren zu anderen Zeitpunkten auf Multiplikanden treffen, verursachen das Durcheinander in der Verszahlenbildung.

Die Verszahlenbildung verglichen mit einer unendlichen Weitsprungbahn erweist sich daher als ein verschobenes Gebilde, was auf der nachfolgenden Grafik angedeutet werden soll.

groß 49 mittel 77 klein 91 mittel 119 klein 133 mittel 161 mittel groß 203 klein 217 mittel

7

groß 77 mittel 121 klein 143 169 187 klein 209 mittel 221 klein

11

groß 91 mittel 119 133 143 klein 161 mittel 187 203 209 221 mittel

13

groß

17

groß

19

groß

23

groß

29

groß

31

groß

37

groß

41

groß

43

groß

47

groß

49

groß

53

groß

59

groß

61

groß

67

groß

71

groß

73

groß

klein 217 mittel

Wenn man die Primzahl-Multiplikatoren mit Weitspringern vergleicht, dann startet jeder Weitspringer zu einem unterschiedlichen Zeitpunkt. Jeder startet zunächst mit seinem großen Sprung, darauf folgt der mittelgroße, dann der kleine u.s.f.

Das Problem wird erkennbar, wenn man die Zeitpunkte der Sprünge zwischen dem 7ner und 11er Weitspringer vergleicht. Nachdem der 7ner Weitspringer seinen großen Sprung beendet hat, startet er mit seinem mittelgroßen Sprung. Diesen beendet er zeitgleich mit dem ersten großen Sprung des 11er Springers an der Position 77. Jetzt aber setzt der 7ner Springer zu seinem kleinen Sprung an, während der 11er Springer erst seinen mittelgroßen Sprung durchführt. Der 7ner Springer landet mit dem kleinen Sprung zunächst auf Position 91, setzt zum nächsten mittelgroßen Sprung an und landet an der Position 119. Der 11er Springer erreicht aber bereits mit dem zweiten Sprung die Position 121. Die verschiedenen Startzeitpunkte, Startpositionen und die unterschiedlichen Sprunggrößen der am Springen beteiligten Primzahlen verursachen damit die Unordnung.

Würde man alle Primzahlenspringer, die bis zu den jeweiligen Zeitpunkten überhaupt Verszahlen bilden können, nach jedem Sprung immer wieder auf eine gleiche Position setzen und würde dann alle gemeinsam immer einen Sprung gleichen Formats (groß, mittelgroß oder klein) machen, würde keiner anzweifeln, dass sie nicht zureichend Lücken im Zahlenteppich hinterlassen. Dies liegt daran, weil dann die kleineren Primzahl-Multiplikatoren mit zureichenden Abständen übersprungen würden.

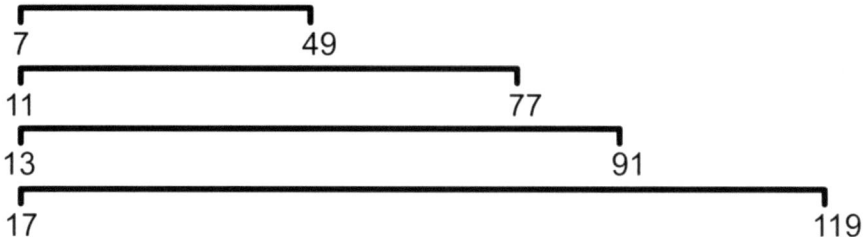

Da die Zahlenbildung aber nicht einer solchen Ordnung folgt, lässt sich nicht voraussagen, wann und wo und welche Primzahl-Multiplikatoren als nächstes Verszahlen bilden und somit Lücken potentieller Primzahlkandidaten füllen.

Dazu kommt, dass am Weitspringen je höher der Zahlenteppich wird, immer mehr Primzahl-Multiplikatoren beteiligt sind.

Am QF hatte ich gezeigt, dass die am Produkt beteiligten Primzahlen von 3 bis P die Lücken von $QF - 4$ bis $QF + 4$ nicht schließen können. Der QF erzeugt ein ideales Umfeld, in denen es Primzahlen und Primzahlzwillinge geben könnte, sofern in den Lücken keine Produkte durch größere Primzahlen erscheinen. Dann hatte ich auch gezeigt, dass einzelne Primzahlen immer mal wieder große Sprünge des Formats $(6 \times n) - 1$ machen und dass sie in den Lücken zwischen den Sprüngen keine Primzahl verhindernden Verszahlen bilden. Das Wissen über diesen Aspekt und dem Wissen, dass es ideale Zahlen, wie solche des Typs QF gibt, könnte mich jetzt auf die Idee bringen, eine Zahl X zu erzeugen, von der ausgehend die Voraussetzungen noch besser erscheinen. Meine Idee wäre, dass die Zahl X ein gemeinsames Produkt aus Primzahlen von 7 bis P wäre, wobei von X ausgehend alle Primzahl-Multiplikatoren in ihrer nächsten Multiplikation einen großen Sprung machen.

Dies hätte dann die Konsequenz, dass alle an P beteiligten Primzahlen erst wieder an den jeweiligen Stellen bei $X + ((6 \times n) - 1)$ die erste Primzahlen verhindernde Verszahl bilden und andere MP-Zahlen Lücken in dem Bereich davor überspringen.

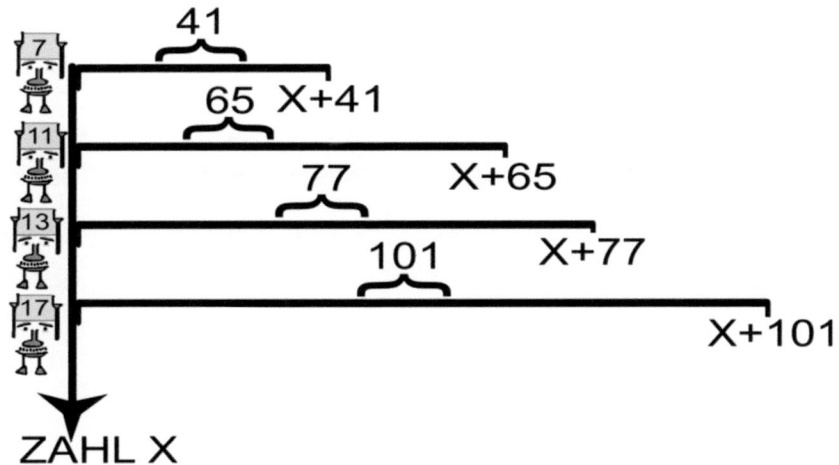

Ob das gelingt oder ob das eher problematisch wird, möchte ich nachfolgend näher erörtern. Im 30er Zyklus erscheint zweimal eine Abfolge des Formats $(6 \times n) - 1$.

GF	MP	GQ	MP	G	QF	G	MP	GQ	MP
GF	Q	G	MP	**GQ**	**F**	**G**	**Q**	**G**	MP
GQF	MP	**G**	**Q**	**G**	**F**	**GQ**	MP	G	Q

Wenn also die Zahl X eine MP-Zahl bildet, die entweder die Abfolge GQ, F, G, Q, G oder die Abfolge G, Q, G, F, GQ nach sich zieht, welche Bedeutung hat dies dann einerseits für die Zahl X selbst und andererseits für die an X beteiligten Primzahlen?

Das Beispiel möchte ich für eine Zahl X besprechen, die eine MP-Zahl ist und die eine Abfolge des Formats G, Q, G, F, GQ nach sich zieht.

Über diese Zahl ließe sich zunächst sagen, dass es eine Zahl wäre, die als letzte Ziffer eine 1 hätte, weil bei $X + 4$ eine Zahl auftaucht, die ungerade ist, aber durch 5 teilbar ist. Ebenso ließe sich sagen, dass an der Stelle $X + 6$ eine potentielle Primzahl und an der Stelle $X + 10$ mit $X + 12$ ein potentieller Primzahlzwilling verborgen sein könnte. Doch mit diesen Behauptungen würde schon das erste Problem deutlich. Zwar lässt sich über X sagen, dass sie ungerade ist, da ich sie nicht aus der Zahl 2 gebildet habe. Da ich sie aber auch nicht aus 3 oder 5 gebildet habe, weiß ich weder, ob die Zahl X tatsächlich die Abfolge G, Q, G, F, GQ nach sich zieht, noch weiß ich, an welcher Stelle sich die Rangfolge der durch 3 und 5 teilbaren Zahlen im Umfeld der Zahl X befindet.

Im 30er Zyklus gibt es acht Positionen von MP-Zahlen und jede zieht im nahen und weiten Umfeld eine andere Abfolge nach sich. Die Symmetrie, die es bei der Bildung einer QF oder GQF- Zahl gab, gibt es bei den MP-Zahlen in ihren Abfolgen nicht.

Ich möchte das Beispiel aber noch ein wenig weiterspinnen und setzte voraus, dass das Problem gelöst wurde und man genau weiß, dass die Zahl X die obere Abfolge nach sich zieht. In diesem Fall wäre tatsächlich die nachfolgende Zahl $X + 1$ eine gerade Zahl, $X + 2$ eine durch 3 teilbare Zahl u.s.f. Nach weiterem Prinzip könnte man auch die Stellen der MP-Zahlen im Umfeld von X ermitteln. Doch weitere ideale Bedingungen würde X nicht erzeugen. Zwar hat die Abfolge hinter X das Format G, Q, G, F, GQ, dies heißt aber nicht, dass die an X beteiligten Primzahl—

Multiplikatoren nach X diesem Rang in weiterer Multiplikation folgen. Jeder an X beteiligte Multiplikator, kann sich an einer anderen Stelle vor dem kleinen, mittelgroßen oder großen Sprung befinden.

Ich hatte gezeigt, dass die Produkte von Primzahl-Multiplikatoren größer gleich 7 mit Multiplikanden des 30er Zyklus, immer auch dem Typus des vorherigen Multiplikanden entsprechend sind. Da es von dem Typus „MP" innerhalb des Zyklus acht verschiedene Varianten gibt, heißt dies aber nicht, dass die Variante des Typus zwischen Multiplikand und Produkt auch identisch ist. Warum dies nicht so ist, lässt sich zeigen, indem man die Primzahlen größer gleich 7 mit X addiert und indem man sich die Stellen im 30er Zyklus anschaut.

Von X ausgehend wäre demzufolge zu erwarten, dass an den Stellen $X + 7$, $X + 11$, $X + 13$, $X + 17$ u.s.f. immer eine Zahl des Typus G erscheint. Wenn man dies aber ausprobiert, entdeckt man, dass bei den Primzahlen von 7 bis 31 nur die Primzahlen 7, 13 und 31 bei $X + 7$, $X + 13$ oder $X + 31$ auf Zahlen des Typus G treffen. Die Zahlen 11 und 19 erreichen den Typus GF, die Zahlen 17 und 23 erreichen den Typus GQ und die Zahl 29 erreicht den Typus GQF. Diese Zahlen könnte man für die weitere Überprüfung daher schon mal außer Acht lassen. All jene befinden sich nicht im Sprung des Formats G, Q, G, F, GQ. Für die Zahlen 17 und 23 könnte man zumindest noch weiter prüfen, ob sie sich in der anderen Variante eines großen Sprungs des Formats GQ, F, G, Q, G befinden. Da beide Zahlen bei $X + 2 \times 17$ bzw. $X + 2 \times 23$ eine Zahl des Typus MP erreichen, befinden sich beide Zahlen in einem kleinen Sprung des Formats MP <u>GQ</u> MP.

Als nächstes wäre zu erwarten, dass 7, 13 und 31 auf eine Zahl des Typus Q treffen. Bei $X + 2 \times 7$ erreicht die 7 aber den Typus QF. Nur 13 und 31 erreichen bei $X + 2 \times 13$ bzw. $X + 2 \times 31$ eine Zahl des Typus Q. Damit lässt sich auch für die Primzahl 7 sagen, dass sie sich nicht in ihrem großen Sprung befindet.

Im nächsten Schritt scheidet auch die Zahl 13 als Kandidat für einen großen Sprung aus, da sie nicht, wie erwartet bei $X + 3 \times 13$ eine Zahl des Formats G bildet, sondern des Formats GF. Die einzige Zahl, die tatsächlich dem großen Sprung dieses Formats folgt, ist die 31. Dies liegt daran, weil sie den 30er Zyklus einmal überrundet und um jeweils eine Stelle parallel zur Abfolge sich im Zyklus weiterbewegt. Ebenso würden sich auch Primzahlen wie 61 und 151 verhalten.

Warum es nicht gelingt eine Reihe von Primzahlen, die im Zahlenteppich hintereinander erscheinen, in ihrer Sprungabfolge als Multiplikator auf einen Nenner zu bringen, lässt sich auch auf eine andere Weise zeigen. Zum Zeitpunkt der Bildung der Zahl X befinden sich auf der Spiralbahn alle beteiligten Primzahlmultiplikatoren an Verszahlen-Multiplikanden-Hindernissen. Diese Verszahlen sind dabei das Produkt aus den jeweilig anderen an X beteiligten Primzahlen.

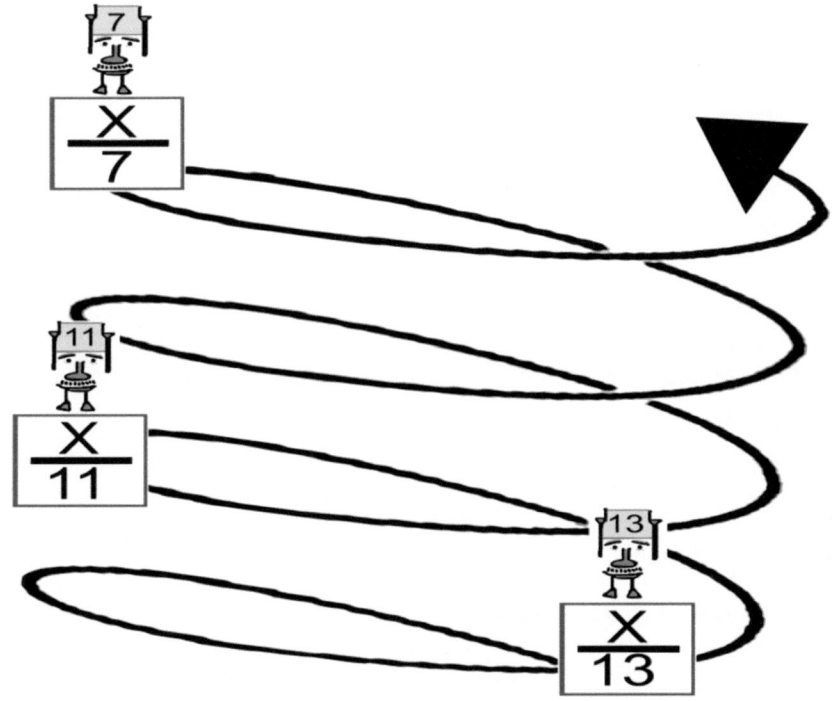

Die Gleichung $X = 7 \times 11 \times 13 \times \ldots \times P$ bedeutet, dass sich alle Multiplikatoren und Multiplikanden von 7 bis P zum Zeitpunkt X treffen. Jeder Multiplikator für sich genommen trifft aber auf die jeweiligen anderen. Das heißt, dass zum Zeitpunkt X der Multiplikator 7 auf das Multiplikandenprodukt $11 \times 13 \times \ldots \times P$ trifft. Wenn man die Gleichung $X = 7 \times 11 \times 13 \times \ldots \times P$ durch 7 teilt, dann entspricht

$$11 \times 13 \times \ldots \times P = \frac{X}{7} \, .$$

179

Jeder an X beteiligte Primzahlmultiplikator trifft somit für sich genommen auf

ein anderes Multiplikandenprodukt (7 auf $\dfrac{X}{7}$, 11 auf $\dfrac{X}{11}$ u.s.f.) und

dies bedeutet, dass er sich an einer anderen Stelle auf der Spiralbahn befindet. Somit ist auch der nachfolgende Multiplikand bei der nächsten Multiplikation ein anderer. Damit können sich bei der Bildung der Zahl X zwar die Multiplikatoren für einen Zeitpunkt im Produkt auf einen Nenner bringen, bei den nachfolgenden Multiplikationen jedoch verhalten sich die Multiplikatoren zueinander verschieden und machen Sprünge unterschiedlich großen Formats bis zur Bildung der jeweils nächsten Verszahl.

Eine Zahl X erzeugt daher keinen idealen Typus. Nicht nur aus dem Grunde, weil man ohne Rechenoperation gar nicht weiß, an welcher Stelle diese im 30er Zyklus zu verorten ist, sondern auch weil sich die jeweiligen Multiplikatoren und Multiplikanden im Umfeld um X unvorhersagbarer als im Umfeld einer QF oder GQF- Zahl verhalten.

Es gibt zwar solche Zahlen X, von der aus alle beteiligten Multiplikatoren bis zur nächsten Bildung einer Verszahl einen großen Sprung machen, aber solche Zahlen lassen sich nur dadurch konstruieren, indem man nur bestimmte Multiplikatoren verwendet.

Ein Beispiel wäre die Zahl 713, die aus 23 x 31 gebildet wurde. Nach 713 machen beide Primzahlen ihren großen Sprung. Dies liegt daran, weil nach 23 die nächste Primzahl erst die 29 ist und nach 31 ist die nächste Primzahl erst die 37. Wenn also 23 auf 31 trifft, dann bildet die 23 erst bei 23 x 37 = 851 ihre nächste Verszahl. Umgekehrt bildet die 31 nach 31 x 23, erst wieder eine Verszahl bei 31 x 29 = 899.

Es lässt sich zwar dadurch sagen, dass nach 713 die beiden Primzahlen 23 und 31 für lange Zeit keine Verszahl bilden, diese Erkenntnis hilft aber dennoch nicht beim Auffinden idealer Voraussetzungen, da es eine zu große Reihe an Primzahlen gibt, die nicht an der Bildung von 713 beteiligt waren und die somit im Umfeld von 713 durchaus eine Reihe von Verszahlen bilden können (z.B. $19 \times 37 = 703, 7 \times 101 = 707, 7 \times 103 = 721, 17 \times 43 = 731, 11 \times 67 = 737...$).

Meines Erachtens schafft das Umfeld einer QF - Zahl die idealeren Voraussetzungen für Lücken und somit für Kandidaten potentieller Primzahlen und Primzahlzwillinge. Wenn es im nächsten Kapitel um die Unendlichkeitsfrage von Primzahlzwillingen geht, dann wird vor allem eine solche Zahl häufig als Beispiel herangezogen.

5.2 Orte potentieller Unendlichkeitsbeweise von Primzahlzwillingen

Am Ende von Kapitel 3 hatte ich Bedingungen und Fragen formuliert, denen man sich zuwenden muss, wenn man davon ausgeht, dass es nur endlich viele Primzahlzwillinge gibt. In Kapitel 4 und 5.1 habe ich verschiedene Instrumentarien erschaffen, die ich nun in die jeweiligen Fragen mit ein beziehen möchte.

Wenn man grundlegend behauptet, dass es im Zahlenteppich irgendwann keine Primzahlzwillinge mehr gibt, dann impliziert diese Behauptung die Bedingung, dass im Zahlenteppich irgendwann nur noch unter den neuen Primzahlen solche erscheinen, die niemals wieder einen Abstand von 2 zueinander haben. Dadurch gäbe es jedoch zwei zueinander konkurrierende Voraussetzungen zwischen der Zahlenbildung durch Primzahlen und dem Erscheinen neuer Primzahlen. Auf der einen Seite setzt der Unendlichkeitsbeweis von Primzahlen voraus, dass es immer wieder neue

Primzahlen geben muss. Auf der anderen Seite setzt die Endlichkeitsbehauptung von Primzahlzwillingen aber voraus, dass diese neuen Primzahlen niemals wieder mit einem Abstand von 2 zueinander erscheinen. In jedem Zyklus von 30 Zahlen erscheinen drei Konstellationen, in denen jeweils zwei MP-Zahlen mit einem Abstand von nur 2 erscheinen. Diese möchte ich MP-Zahlenzwillinge nennen. An dem Sachverhalt, dass sich im 30er Zyklus immer drei MP-Zahlenzwillinge befinden, ändert sich im Zahlenteppich nichts. Das was sich bei der Behauptung, es gäbe nur endlich viele Primzahlzwillinge, für die MP-Zahlenzwillinge ändert, sind die möglichen Zahlentypen, die hinter den MP-Zahlenzwillingen verborgen sind.

GF	**MP**	**GQ**	**MP**	G	QF	G	**MP**	**GQ**	**MP**
GF	Q	G	MP	GQ	F	G	Q	G	**MP**
GQF	**MP**	G	Q	G	F	GQ	MP	G	Q

Die Behauptung, es gäbe nur endlich viele Primzahlzwillinge, schafft eine neue Voraussetzung. Diese würde nämlich bedeuten, dass mindestens eine der beiden nebeneinander stehenden MP-Zahlen immer eine Verszahl sein muss. Bislang kamen für die Zahlentypen der MP-Zahlenzwillinge drei Möglichkeiten in Betracht. Die erste Möglichkeit bestand darin, dass sich hinter beiden MP-Zahlen eines MP-Zahlenzwillings ausschließlich Verszahlen verbergen. Bei der zweiten Möglichkeit verbarg sich hinter einer der beiden MP- Zahlen des MP-Zahlenzwillings eine Verszahl und hinter der anderen eine Primzahl. Die dritte Möglichkeit war jene, dass sich hinter beiden MP-Zahlen des MP-Zahlenzwillings ausschließlich Primzahlen verbergen. Diese dritte Möglichkeit würde sich bei der Endlichkeitsbehauptung zu einem Zeitpunkt innerhalb des Zahlenteppichs nie wieder erfüllen. Dies hieße, dass dann nur noch die ersten beiden Möglichkeiten innerhalb des Zahlenteppichs erscheinen. Dies würde bedeuten, dass von den beiden MP-Zahlen eines jeden MP-Zahlenzwillings mindestens eine, eine Verszahl ist bzw. dass höchstens eine, eine Primzahl ist.

Die drei MP-Zahlenzwillinge innerhalb des 30er Zyklus erscheinen in den beiden Formaten **MP GQ MP** und **MP GQF MP**. Wenn man diese nach möglichen Zahlentypen aufteilt, dann ergeben sich für P = Primzahl und V = Verszahl die acht nachfolgenden Formate:

P GQ P, P GQF P, P GQ V, P GQF V, V GQ P, V GQF P, V GQ V, V GQF V.

Mit der Endlichkeitsbehauptung sind die ersten beiden Formate **P GQ P** und **P GQF P** irgendwann im Zahlenteppich nicht mehr möglich.

Eine mögliche Variante des neuen 30er Zyklus wäre die nachfolgende.

GF	**P**	**GQ**	**V**	G	QF	G	**V**	**GQ**	**V**
GF	Q	G	MP	GQ	F	G	Q	G	**V**
GQF	**P**	G	Q	G	F	GQ	MP	G	Q

Interessanterweise hätte die Endlichkeit von Primzahlzwillingen auch Auswirkungen auf die Anzahl möglicher Primzahlen und auf dessen Anordnung im Zahlenteppich. Letzteres eben, weil es nie wieder zwei aufeinanderfolgende Primzahlen mit dem Abstand 2 geben dürfte. Die Anzahl möglicher Primzahlen reduziert sich aus einem ähnlichen Grund. Im 30erZyklus gibt es acht Positionen, an denen überhaupt nur Primzahlen erscheinen können, eben weil die übrigen 22 Zahlen durch 2, 3 und oder 5 teilbar sind. Mit Annahme, es gäbe nur endlich viele Primzahlzwillinge reduziert sich die Anzahl möglicher Positionen für Primzahlen pro 30er Zyklus auf fünf. Dies hieße, dass es unter jeweils 30 Zahlen dann 25 Zahlen gäbe, die nicht prim sind. Diese 25 Zahlen teilen sich dann in 22

Zahlen auf, die durch 2, 3 und oder 5 teilbar sind und in drei Zahlen, die durch Primzahlen größer gleich 7 teilbar sind.

Die Varianten aufeinanderfolgender 30er Zyklen können zwar divergieren, es darf aber niemals wieder ein 30erZyklus im Zahlenteppich erscheinen, in denen mehr als fünf MP-Positionen durch Primzahlen belegt sind, denn dann wäre in diesem Zyklus mindestens ein Primzahlzwilling verborgen.

So könnte z.B. die folgende Variante in einem Zyklus erscheinen:

GF	**P**	**GQ**	**V**	G	QF	G	**V**	**GQ**	**P**
GF	Q	G	**P**	GQ	F	G	Q	G	**V**
GQF	**P**	G	Q	G	F	GQ	**P**	G	Q

Die nachfolgende Variante dürfte jedoch nicht mehr erscheinen:

GF	**P**	**GQ**	**P**	G	QF	G	**V**	**GQ**	**V**
GF	Q	G	**P**	GQ	F	G	Q	G	**P**
GQF	**P**	G	Q	G	F	GQ	**P**	G	Q

Selbst bestimmte Zyklen, in denen weniger als fünf MP-Positionen durch Primzahlen belegt sind, dürfen nie wieder in Erscheinung treten, wie z.B. der nachfolgende:

GF	**V**	**GQ**	**V**	G	QF	G	**P**	**GQ**	**P**
GF	Q	G	**V**	GQ	F	G	Q	GVV	**V**
GQF	**V**	G	Q	G	F	GQ	**V**	G	Q

Die oberen drei Varianten von Zyklen machen nur einen kleinen Teil möglicher Varianten aus. Mithilfe der Kombinatorik habe ich schon vorwegnehmend die Anzahl ermittelt. Insgesamt sind 256 Varianten von 30erZyklen denkbar, in denen Primzahlen und Verszahlen auf die verschiedensten Weisen zueinander angeordnet sind. In 148 möglichen

Varianten erscheint mindestens ein Primzahlzwilling. In 108 möglichen Varianten erscheint hingegen jedoch keiner. Wenn es nur endlich viele Primzahlzwillinge gibt, dann dürften irgendwann im Zahlenteppich nur noch diese 108 Varianten in Erscheinung treten, niemals aber wieder eine der anderen 148. Die 108 Varianten, in denen keine Primzahlzwillinge möglich sind, teilen sich auf in acht Varianten mit fünf Primzahlen, 28 Varianten mit vier Primzahlen, 38 Varianten mit drei Primzahlen, 25 Varianten mit zwei Primzahlen, acht Varianten mit einer Primzahl und in eine Variante mit keiner Primzahl. In den 99 Varianten mit mehr als einer Primzahl beträgt der Abstand unter den Primzahlen mehr als 2, so dass sie untereinander keine Primzahlzwillinge bilden. Natürlich sind alle 256 Varianten des 30er Zyklus nur potentiell. Es bedürfte einer eigenen wissenschaftlichen Untersuchung, die zunächst alle 256 Varianten klassifiziert und die anschließend überprüft, wie häufig bestimmte Varianten bis zu einem bestimmten Bereich im Zahlenteppich erscheinen. Es sind verschiedene Ergebnisse denkbar. Es könnte sein, dass sich die Verteilung bestimmter Varianten einer mathematischen Wahrscheinlichkeit annähert. Dies heißt aber nicht, dass diese sich auch in einem übernächsten Bereich finden würde. Es könnte aber auch sein, dass bestimmte Varianten sehr häufig erscheinen, wobei andere nur sehr selten oder auch nie erscheinen. Doch selbst wenn diese bis zu einem bestimmten Bereich nie erscheinen, heißt dies nicht, dass sie nicht doch irgendwann in einem späteren Bereich vorkommen.

Nachfolgend habe ich die ersten 53 der 30er Zyklen des Bereichs 10 bis 1599 aufgelistet und sie nach den zwei Kriterien *„Anzahl der Primzahlen"* und *„Anzahl der Primzahlzwillinge"* unterschieden:

10 bis 39 Variante mit acht Primzahlen, davon drei Primzahlzwillinge.

40 bis 69 Variante mit sieben Primzahlen, davon zwei Primzahlzwillinge.

70 bis 99 Variante mit sechs Primzahlen, davon ein Primzahlzwilling.

100 bis 129 Variante mit sechs Primzahlen, davon zwei Primzahlzwillinge.

130 bis 159 Variante mit sechs Primzahlen, davon zwei Primzahlzwillinge.

160 bis 189 Variante mit fünf Primzahlen, davon ein Primzahlzwilling.

190 bis 219 Variante mit fünf Primzahlen, davon zwei Primzahlzwillinge.

220 bis 249 Variante mit sechs Primzahlen, davon zwei Primzahlzwillinge.

250 bis 279 Variante mit sechs Primzahlen, davon ein Primzahlzwilling.

280 bis 309 Variante mit vier Primzahlen, davon ein Primzahlzwilling.

310 bis 339 Variante mit fünf Primzahlen, davon ein Primzahlzwilling.

340 bis 369 Variante mit fünf Primzahlen, davon ein Primzahlzwilling.

370 bis 399 Variante mit fünf Primzahlen, davon kein Primzahlzwilling.

400 bis 429 Variante mit vier Primzahlen, davon ein Primzahlzwilling.

430 bis 459 Variante mit sechs Primzahlen, davon ein Primzahlzwilling.

460 bis 489 Variante mit fünf Primzahlen, davon ein Primzahlzwilling.

490 bis 519 Variante mit vier Primzahlen, davon kein Primzahlzwilling.

520 bis 549 Variante mit vier Primzahlen, davon ein Primzahlzwilling.

550 bis 579 Variante mit fünf Primzahlen, davon ein Primzahlzwilling.

580 bis 609 Variante mit fünf Primzahlen, davon ein Primzahlzwilling.

610 bis 639 Variante mit vier Primzahlen, davon ein Primzahlzwilling.

640 bis 669 Variante mit sechs Primzahlen, davon zwei Primzahlzwillinge.

670 bis 699 Variante mit vier Primzahlen, davon kein Primzahlzwilling.

700 bis 729 Variante mit vier Primzahlen, davon kein Primzahlzwilling.

730 bis 759 Variante mit fünf Primzahlen, davon kein Primzahlzwilling.

760 bis 789 Variante mit vier Primzahlen, davon kein Primzahlzwilling.

790 bis 819 Variante mit drei Primzahlen, davon ein Primzahlzwilling.

820 bis 849 Variante mit fünf Primzahlen, davon zwei Primzahlzwillinge.

850 bis 879 Variante mit fünf Primzahlen, davon ein Primzahlzwilling.

880 bis 909 Variante mit vier Primzahlen, davon ein Primzahlzwilling.

910 bis 939 Variante mit vier Primzahlen, davon kein Primzahlzwilling.

940 bis 969 Variante mit vier Primzahlen, davon kein Primzahlzwilling.

970 bis 999 Variante mit fünf Primzahlen, davon kein Primzahlzwilling.

1000 bis 1029 Variante mit vier Primzahlen, davon ein Primzahlzwilling.

1030 bis 1059 Variante mit fünf Primzahlen, davon ein Primzahlzwilling.

1060 bis 1089 Variante mit vier Primzahlen, davon ein Primzahlzwilling.

1090 bis 1119 Variante mit sechs Primzahlen, davon ein Primzahlzwilling.

1120 bis 1149 Variante mit zwei Primzahlen, davon kein Primzahlzwilling.

1150 bis 1179 Variante mit vier Primzahlen, davon ein Primzahlzwilling.

1180 bis 1209 Variante mit vier Primzahlen, davon kein Primzahlzwilling.

1210 bis 1239 Variante mit sechs Primzahlen, davon ein Primzahlzwilling.

1240 bis 1269 Variante mit zwei Primzahlen, davon kein Primzahlzwilling.

1270 bis 1299 Variante mit sechs Primzahlen, davon zwei Primzahlzwillinge.

1300 bis 1329 Variante mit sechs Primzahlen, davon zwei Primzahlzwillinge.

1330 bis 1359 Variante ohne Primzahlen, ohne Primzahlzwillinge.

1360 bis 1389 Variante mit vier Primzahlen, davon kein Primzahlzwilling.

1390 bis 1419 Variante mit zwei Primzahlen, davon kein Primzahlzwilling.

1420 bis 1449 Variante mit sechs Primzahlen, davon ein Primzahlzwilling.

1450 bis 1479 Variante mit vier Primzahlen, davon ein Primzahlzwilling.

1480 bis 1509 Variante mit sechs Primzahlen, davon zwei Primzahlzwillinge.

1510 bis 1539 Variante mit drei Primzahlen, davon kein Primzahlzwilling.

1540 bis 1569 Variante mit fünf Primzahlen, davon kein Primzahlzwilling.

1570 bis 1599 Variante mit vier Primzahlen, davon kein Primzahlzwilling.

Im Bereich von 10 bis 1599 lässt sich keine besondere Ordnung zwischen der Häufigkeit der Primzahlen pro Zyklus und dessen Anzahl an

Primzahlzwillingen feststellen. Ebenso lässt sich auch keine Regelmäßigkeit zwischen den Zyklen feststellen.

In den ersten Zyklen erscheinen viele mit mehreren Primzahlen und Primzahlzwillingen. Das ist noch nicht besonders verwunderlich, weil sich hier auch noch nicht allzu viele Verszahlen bilden, die Primzahlen verhindern. Interessanter erscheinen mir jedoch spätere Zyklen. Manchmal erfolgen Zyklen hintereinander, in denen wenig Primzahlen und Primzahlzwillinge erscheinen, dann gibt es aber wieder Zyklen mit einer höheren Anzahl. Interessant ist auch der Zyklus zwischen 1330 und 1359. Er ist der erste Zyklus, in dem es gar keine Primzahlen gibt. Hier erscheint eine Anhäufung an Verszahlen. Die beiden Zyklen davor, von 1270 bis 1299 und 1300 bis 1329, bringen hingegen erstaunlich viele Primzahlen und Primzahlzwillinge hervor. Es ist potentiell, dass sich in einem sehr hohen Bereich des Zahlenteppichs ein solches Ereignis wiederholt. Wenn sich in einem Bereich sehr viele Verszahlen bilden, dann könnte es in einem vorausgehenden oder nachfolgenden Umfeld durchaus wieder Anhäufungen an Primzahlen geben.

Die Auflistung der 53 Zyklen zeigt, dass die Anzahl von Primzahlen innerhalb eines Zyklus nicht notwendigerweise das Erscheinen von Primzahlzwillingen verhindert oder begünstigt. Es gibt Varianten mit fünf Primzahlen, aber mit keinem Primzahlzwilling und welche mit nur drei Primzahlen, aber mit einem Primzahlzwilling.

Es ist potentiell, dass in sehr hohen Bereichen des Zahlenteppichs viele Zyklen erscheinen, in denen es gar keine Primzahlen oder nur eine Primzahl gibt, da eben die Zunahme an Verszahlen zunächst die Abnahme an Primzahlen zur Folge hat. Es ist aber auch potentiell, dass gerade dieses Verhältnis von Zunahme an Verszahlen und Abnahme an Primzahlen irgendwann wieder zu einer Zunahme von Primzahlen führen kann. Dies ist daher vorstellbar, weil mit Zunahme von Verszahlen, die beteiligten Primzahlmultiplikatoren und Multiplikanden zum Zeitpunkt der Entstehung einer Verszahl immer auf den absoluten Nordpunkt gerichtet sind. Sie können im nahen Umfeld der Verszahl daher keine Lücken schließen. Dies müssten andere Primzahlmultiplikatoren und Multiplikanden verrichten. Wenn es so z.B. eine Konzentration mehrerer aufeinanderfolgender Verszahlen gibt, dann befinden sich sehr viele Primzahlpolygone am oder kurz hinter dem absoluten Nordpunkt und sie hinterlassen bis zur nächsten Zahlenbildung je nach Größe Lücken, die dann wieder durch andere Verszahlen erst einmal gefüllt werden müssten.

Bei der MP-Anzahlenermittlung kam ich zu dem Ergebnis, dass pro Bereich mit dem Intervall von

10^n bis 10^{n+1} für $n > 1$ insgesamt $24 \times 10^{n-1}$ neue MP-Zahlen dazukommen. Auch dieser Sachverhalt würde sich bei einer Endlichkeit von Primzahlzwillingen verändern.

In einem Bereich von 10^n bis 10^{n+1} erscheinen 9×10^n Zahlen. 9×10^2 Zahlen entsprechen drei 30er Zyklen. 9×10^3 Zahlen entsprechen dreißig 30er Zyklen u.s.f.. Auf 9×10^n Zahlen entfallen damit $3 \times 10^{n-1}$ 30er Zyklen. Wenn es irgendwann aber nur noch maximal fünf Primzahlen in einem 30er Zyklus geben darf, eben weil sechs garantiert zu einem Primzahlzwilling führen, dann können auch nur noch maximal $15 \times 10^{n-1}$ neue MP-Zahlen pro Bereich mit dem Intervall 10^n bis 10^{n+1} für $n > 1$ insgesamt dazukommen. Die übrigen $9 \times 10^{n-1}$ Zahlen von ehemals $24 \times 10^{n-1}$ neuen MP-Zahlen müssten garantiert Verszahlen sein. Die $15 \times$

10^{n-1} neuen MP-Zahlen würden sich abermals in Verszahlen und Primzahlen aufteilen.

Die Endlichkeitsbehauptung von Primzahlen stellt hohe Anforderungen an die Bildung von Verszahlen. Es müssen sich ab einem bestimmten Bereich im Zahlenteppich immer mindestens drei Verszahlen in jedem 30er Zyklus befinden, damit es in ihm keine Primzahlzwillinge gibt. Wenn es jemandem gelingen sollte, nachzuweisen, dass es nicht sein kann, dass sich immer mindestens drei Verszahlen in jedem 30er Zyklus platzieren, dann hätte dieser jemand einen indirekten Beweis für die Unendlichkeit von Primzahlen. Die Anforderungen an die Bildungen von Verszahlen sind jedoch noch höher. Denn selbst, wenn in einem 30er Zyklus bis zu sechs Verszahlen erscheinen, dann kann es bei ungünstiger Platzierung der Verszahlen dennoch vorkommen, dass die beiden erscheinenden Primzahlen einen Zwilling bilden. Nur bei sieben oder acht Verszahlen kann es garantiert keinen Primzahlzwilling in einem 30er Zyklus geben. Alle in denen es vier bis sechs Verszahlen gibt, müssten drei Verszahlen davon so platzieren, dass sie an jeweils einer Position der drei MP-Zahlenzwillinge erscheinen.

Die Endlichkeitsbehauptung von Primzahlen fordert somit an die Verszahlenbildung ein geordnetes Erscheinen. Es ist fraglich, ob diese Ordnung möglich ist, zumal es in den unteren Bereichen des Zahlenteppichs auf eine eher ungeordnete Struktur hinweist.

Ich hatte gesagt, dass die Zunahme an Verszahlen potentiell zu einer Zunahme an Primzahlen in einem späteren Bereich führt, weil Verszahlen viele Polygone früherer Primzahlen und Verszahlen gemeinsam auf den absoluten Nordpunkt setzen. Es gibt immer wieder Verszahlen, die aus sehr vielen Primzahlen gebildet wurden. Diese Verszahlen führen dazu, dass Primzahlpolygone aber auch kleinere Verszahlpolygone zum Zeitpunkt ihrer

Entstehung auf den absoluten Nordpunkt zeigen. Wenn es sehr viele Verszahlen gibt, dann häufen sich die Vorfälle, an denen frühere Primzahlen und Verszahlen gemeinsam am absoluten Nordpunkt aufeinandertreffen. Dies würde dafür sprechen, dass im Umfeld dieser gemeinsam gebildeten Verszahlen Lücken durch Produkte neuer Primzahlen geschlossen werden müssen oder wenn dies nicht der Fall ist, dann erscheinen in diesen Lücken neue Primzahlen.

Im kombinatorischen Abschnitten dieser Arbeit hatte ich das Beispiel einer sehr großen Verszahl besprochen. Es handelte sich dabei um die Verszahl 22.418.478.468.381.282.119.251.919.355.704.725.172.535.239, die aus den 26 Primzahlen 7, 11, 13, 17, 19, 23, 29, 31, 37, 41, 43, 53, 59, 61, 67, 71, 73, 79, 83, 89, 97, 101, 103, 107, 109 und 113 gebildet wurde. Eine mögliche Kombination, um zu jener Zahl zu gelangen, ist jene, in der die 7 als Multiplikator auf die Verszahl bzw. das Produkt aus 11, 13, 17, 19, 23, 29, 31, 37, 41, 43, 53, 59, 61, 67, 71, 73, 79, 83, 89, 97, 101, 103, 107, 109 und 113 als Multiplikanden trifft. Diese Kombination entspricht einer PVK- Kombination. An PVK- Kombinationen, die alle zu der oberen Verszahl führen, gibt es insgesamt 26. Dies sind all jene, in denen jede einzelne der 26 verwendeten Primzahlen auf das Produkt der jeweiligen anderen 25 Primzahlen trifft. An VVK- Kombinationen, die jene obere Verszahl bilden, gibt es weit mehr. Ein Produkt aus drei der 26 Primzahlen könnte z.B. als Multiplikator auf das Produkt der jeweils 23 anderen Primzahlen als Multiplikanden treffen und sich zu der oberen Verszahl multiplizieren. Insgesamt führen 403.291.461.126.605.635.584.000.000 Kombinationen zu der oberen Verszahl. An der Bildung dieser Verszahl sind nicht nur die 26

Primzahlen beteiligt, sondern auch indirekt die Verszahlen, die sich aus den 26 Primzahlen untereinander bilden lassen. Dies hat die Konsequenz, dass nicht nur die 26 Primzahl-Polygone zum Zeitpunkt der Entstehung der oberen Verszahl auf den absoluten Nordpunkt zeigen, sondern auch die Polygone der Produkte aus den 26 Primzahlen untereinander, z.B. 77, 91, 119 u.s.f.

All jene Primzahlen und Verszahlen, die direkt oder indirekt an der Bildung der oberen Verszahl beteiligt sind, machen von dieser Verszahl aus, vor der Bildung der nächsten Primzahl verhindernden Verszahl erst einmal einen Sprung der Mindestgröße $(2 \times n) - 1$. Jetzt hängt es von anderen Primzahlprodukten aus Primzahlen größer als 113 ab, ob sich dessen Kombinationen im Umfeld der oberen Verszahl platzieren.

Wenn nach der Endlichkeitsbehauptung die Anzahl der Verszahlen zunimmt und die Anzahl der Primzahlen hingegen abnimmt, dann kommt es immer seltener vor, dass Verszahlen erscheinen, die nur die Potenz einer neuen Primzahl oder das Produkt aus zwei neuen Primzahlen sind. Statt dessen müsste es viel mehr Verszahlen geben, die Produkte aus früheren Primzahlen sind, eben weil ja kaum noch neue Primzahlen entstehen. Kurioser weise machen aber bestimmte Zahlen gerade neue Primzahlen und Produkte neuer Primzahlen notwendig.

In 5.1 hatte ich am Beispiel der Zahl $L1$ gezeigt, dass die vier Lücken bei $L1 - 4$, $L1 - 2$, $L1 + 2$ und $L1 + 4$ durch Potenzen oder Produkte mindestens vier solcher neuer Primzahlen geschlossen werden müssten, damit in den Lücken keine weiteren Primzahlen erscheinen. Erscheinen in den Lücken keine Potenzen neuer Primzahlen, sondern nur Produkte, dann beträgt die Mindestanzahl sogar schon acht neue Primzahlen, die größer sind als die größte an der Bildung von L1 beteiligte Primzahl.

Wenn man sagt, es gibt nur endlich viele Primzahlzwillinge erfordert dies ein hohes und geordnetes Erscheinen von Verszahlen.

Eine andere Bedingung, die durch die Endlichkeitsbehauptung von Primzahlzwillingen an Verszahlen gestellt wird, ist jene, dass es nach einem potentiell letzten Primzahlzwilling nie wieder vorkommen darf, dass zwei aufeinanderfolgende Verszahlen einen größeren Abstand als 14 haben. Sobald der Abstand zwischen zwei aufeinanderfolgenden Verszahlen größer als 14 ist, befindet sich in der Lücke zwischen beiden nämlich ein Primzahlzwilling. Dies wird erkennbar, wenn man zwei 30er Zyklen hintereinander betrachtet. Zwischen einer ersten MP-Zahl eines MP-Zahlenzwillings und der zweiten MP-Zahl eines nachfolgenden MP-Zahlenzwillings kann innerhalb eines 30er Zyklus, aber auch im Übergang zwischen einem vorherigen und einem nachfolgenden 30er Zyklus nur ein maximaler Abstand von 14 liegen. Wenn keine dieser beiden MP-Zahlen Verszahlen sind und auch nicht die, die zwischen beiden liegen, kommt es garantiert zum Erscheinen von Primzahlzwillingen.

GF	MP	GQ	MP	G	QF	G	MP	GQ	MP
GF	Q	G	MP	GQ	F	G	Q	G	**MP**
GQF	MP	G	Q	G	F	GQ	MP	G	Q
GF	MP	GQ	**MP**	G	QF	G	**MP**	GQ	MP
GF	Q	G	MP	GQ	F	G	Q	G	MP
GQF	**MP**	G	Q	G	F	GQ	MP	G	Q

Zwischen zwei aufeinanderfolgenden Verszahlen ist jedoch ein Abstand von 14 noch kein Garant dafür, dass tatsächlich das Erscheinen von

Primzahlzwillingen verhindert wurde. Je nachdem auf welche MP-Zahlen sich zwei aufeinanderfolgende Verszahlen platzieren, manchmal reicht sogar ein Abstand von 10 aus, damit das Erscheinen von Primzahlzwillingen nicht verhindert wird.

GF	MP	GQ	**V**	G	QF	G	MP	GQ	MP
GF	Q	G	**V**	GQ	F	G	Q	G	MP
GQF	MP	G	Q	G	F	GQ	MP	G	Q

Wenn es jemandem gelingen sollte, nachweisen zu können, dass zwei aufeinanderfolgende Verszahlen bzw. Produkte aus Primzahlen größer gleich 7 nicht immer einen Minimalabstand von 14 erreichen, sondern dass es unter bestimmten Bedingungen zwangsläufig zu größeren Abständen kommt, dann hätte dieser jemand einen indirekten Beweis für die Unendlichkeit von Primzahlzwillingen entdeckt.

Ich hatte bereits gezeigt, dass alle Primzahlmultiplikatoren, die größer als 7 sind, bei jedem Sprung der Formate groß, mittelgroß und klein mindestens einen MP-Zahlenzwilling nicht berühren. Der einzige Primzahlmultiplikator, der ab und zu in der Lage ist, eine MP-Zahl des vorausgehenden MP-Zahlenzwillings zu berühren und nach dem Sprung auch eine MP-Zahl des folgenden MP-Zahlenzwillings, ist die Zahl 7. Dies gelingt ihr aber nur beim kleinen, nicht aber beim mittelgroßen und großen Sprung.

An einer QF- Zahl L hatte ich gezeigt, dass sich Lücken bilden, die sich durch die an L beteiligten Primzahlen und Verszahlen nicht schließen lassen. Wenn aber nach der Endlichkeitsbehauptung von Primzahlzwillingen eine hohe Zunahme an Verszahlen gefordert ist, dann müssen diese Verszahlen auch einen erheblichen Anteil an Lücken im Umfeld von L - Zahlen schließen. Diese lassen sich aber nur durch Verszahlen schließen, die Produkte aus Primzahlen sind, die nicht an L-Zahlen beteiligt waren.

Wenn es aber in einem neuen Bereich vor L und nach der größten an L beteiligten Primzahl weniger neue Primzahlen gibt als neue Verszahlen, dann erfordert es trotzdem vieler Produkte aus den neuen Primzahlen damit die Lücken im Umfeld der L-Zahl geschlossen werden.

Dies möchte ich jetzt am Beispiel einer QF-Zahl L zeigen.

Ich behaupte dafür, dass es irgendwo im Zahlenteppich einen letzten Primzahlzwilling der Primzahlen P3 und P4 gibt.

Nach P4 gelten neue Bedingungen im Zahlenteppich. In jedem nachfolgendem 30er Zyklus müssen mindestens drei Verszahlen erscheinen bzw. es darf auch nie wieder vorkommen, dass zwei aufeinanderfolgende Verszahlen einen größeren Abstand als 14 haben. Primzahlen hingegen müssen einen Mindestabstand von 4 haben und es darf nie wieder sechs oder mehr Primzahlen innerhalb eines 30er Zyklus geben.

Die Zahl L bilde ich aus 3 x 5 x 7 x 11 x...x P3 x P4. Die erste Frage, die mich interessiert, befasst sich mit den Orten, an denen sich jeweilige Multiplikatoren zum Zeitpunkt der Bildung der Zahl L befinden. Zunächst schaue ich mir den untersten Bereich der Spiralbahn an.

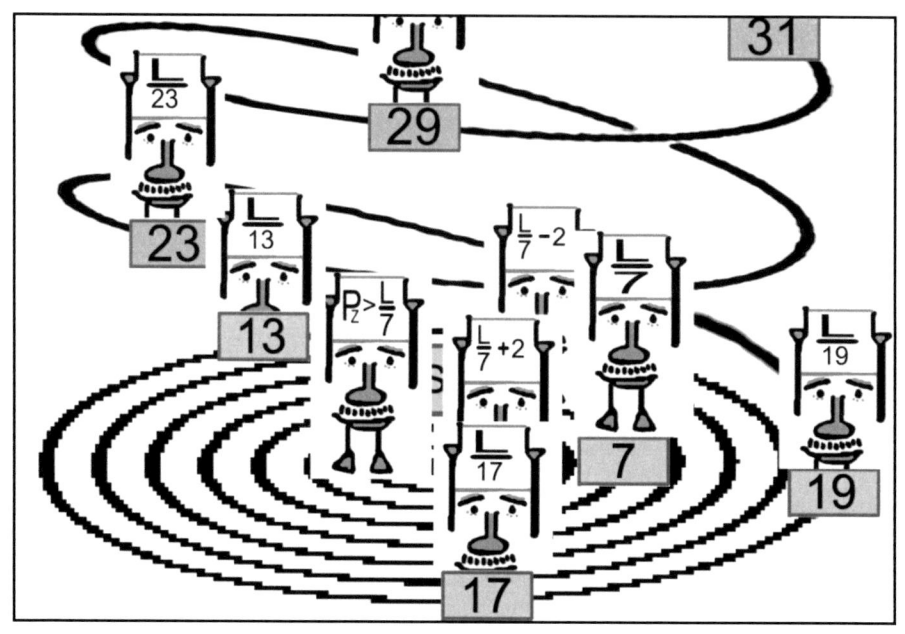

In jenem befinden sich Multiplikatoren-Läufer wie $\dfrac{L}{7}$, $\dfrac{L}{11}$ oder $\dfrac{L}{13}$,

die sich an Multiplikanden-Hindernissen wie 7, 11 oder 13 befinden.

$\dfrac{L}{7}$, $\dfrac{L}{11}$ und $\dfrac{L}{13}$ sind QF-Zahlen. Dies bedeutet, dass sich in ihrem

Umfeld +/- 2 und +/- 4 MP-Zahlenzwillinge befinden. Die Lücken bei

$\dfrac{L}{7}$ +/- 2 und bei $\dfrac{L}{7}$ +/- 4 können nicht durch Produkte der Primzahlen

11 bis P4 geschlossen werden. Dies liegt daran, weil $\dfrac{L}{7}$ sich noch weiter

in die Primzahlfaktoren 11 bis P4 zerlegen lässt. Und dies bedeutet, dass

196

das vorausgehende und nachfolgende Produkt der jeweiligen Primzahlen von 11 bis P4 auch erst bei $\frac{L}{7}$ +/- 11 bis $\frac{L}{7}$ +/- P4 liegt.

$\frac{L}{7}$ ist nicht mehr weiter in 7 zerlegbar, eben weil an der Bildung der Zahl

L die 7 nur einmal als Multiplikator verwendet wurde. Da $\frac{L}{7}$ nicht durch 7 teilbar ist, die 7 aber an der Bildung jeder siebten Zahl beteiligt ist, müssen

sich im nahen Umfeld von $\frac{L}{7}$ andere Zahlen befinden, die durch 7 teilbar

sind. $\frac{L}{7}$ +/- 7 kann konsequenterweise auch nicht durch 7 teilbar sein.

Es ist möglich, dass die Q-Zahl $\frac{L}{7}$ - 6 durch 7 teilbar ist, dann wären

auch $\frac{L}{7}$ - 13, $\frac{L}{7}$ +1 und $\frac{L}{7}$ + 8 durch 7 teilbar, weil diese Zahlen

dann einen jeweiligen Abstand von 7 zueinander hätten. Da keine dieser

Zahlen die Lücken bei $\frac{L}{7}$ +/- 2 und bei $\frac{L}{7}$ +/- 4 füllt, würde die 7 als

Multiplikator auch nicht das Erscheinen beider potentieller

Primzahlkandidaten gefährden. Anders ist es, wenn $\dfrac{L}{7} - 5$ durch 7 teilbar

ist, dann wäre $\dfrac{L}{7} + 2$ durch 7 teilbar, so dass zumindest der zweite MP-

Zahlenzwilling um $\dfrac{L}{7}$, bei $\dfrac{L}{7} + 2$ mit $\dfrac{L}{7} + 4$ eine Verszahl

hervorbringt und damit einen potentiellen Primzahlzwilling verhindert. Es

geht ähnlich weiter. Wenn $\dfrac{L}{7} - 4$ durch 7 teilbar ist, dann bildet die 7 an

dieser Stelle eine MP-Zahl, die einen potentiellen Primzahlzwilling bei $\dfrac{L}{7} -$

4 mit $\dfrac{L}{7} - 2$ verhindert. Die nächste durch 7 teilbare Zahl wäre dann aber

$\dfrac{L}{7} + 3$. Diese liegt zwischen dem zweiten potentiellen Kandidaten, der

nicht durch die 7 gefährdet wäre.

Insgesamt besteht eine Ein-Drittel Chance, dass eine durch 7 teilbare Zahl

nicht unter den vier MP-Zahlen $\dfrac{L}{7} +/- 2$ und $\dfrac{L}{7} +/- 4$ zu finden ist. Zu

einer Zwei-Drittel Chance ist die 7 an der Bildung einer der vier MP-Zahlen beteiligt. Dies bedeutet, dass sie in diesen Fällen einen potentiellen Primzahlzwillingskandidaten verhindert, nicht aber den anderen.

Ähnliches wiederholt sich bei $\dfrac{L}{11}$. Die MP-Zahlenzwillinge bei $\dfrac{L}{11} - 4$

mit $\dfrac{L}{11} - 2$ und $\dfrac{L}{11} + 2$ mit $\dfrac{L}{11} + 4$ werden nicht durch Produkte aus

den Primzahlen 3, 5, 7 sowie 13 bis P4 gefüllt. Die Zahl 11 kann nur maximal eine der vier MP-Zahlen berühren und somit nur eine Primzahl und damit einen Primzahlzwilling verhindern. Die Chance, dass die 11 überhaupt an der Bildung einer der vier Zahlen beteiligt ist, liegt aber schon

unter der Chance, die noch für die 7 im Umfeld um $\dfrac{L}{7}$ galt. Ihre Chance

liegt nur noch bei 40 %. Für die 13 im Umfeld um $\dfrac{L}{13}$ reduziert sich die

Chance auf nur noch ein Drittel. Für die 17 im Umfeld um $\dfrac{L}{17}$ reduziert

sich die Chance auf 25 %. Somit schafft nicht nur die Zahl L ein ideales Umfeld, an denen Primzahlen erscheinen könnten, sondern auch bestimmte an L beteiligte Multiplikanden. Das Umfeld dieser Multiplikanden wird nicht notwendigerweise durch die an L beteiligten Multiplikatoren mit Produkten so gefüllt, dass potentielle Primzahlen und Zwillinge verhindert werden. So kann cine jeweilige Primzahl P, die an der Bildung der Zahl L beteiligt war, bei $\frac{L}{P}$ +/- 2 oder $\frac{L}{P}$ +/- 4 nur maximal eine Verszahl bilden. Die

Chance, dass sie an dieser Position eine solche bildet, reduziert sich, je

größer P ist. Um die anderen Positionen mit Verszahlen zu füllen, werden

Produkte aus Primzahlen notwendig, die größer sind als die größte für L

verwendete Primzahl. In meinem Beispiel müssten, falls P eine der vier

Position um $\frac{L}{P}$ mit einer Verszahl füllt, größere Primzahlen als P4 durch

Potenzen oder Produkte in den anderen drei Positionen Verszahlen bilden,

damit alle vier Lücken keine Primzahlen hervorbringen.

Interessant ist auch, dass sich die vier Positionen um $\frac{L}{P}$ bei $\frac{L}{P}$ +/- 2

und $\frac{L}{P}$ +/- 4 nicht mit den vier Positionen um L bei L +/- 2 und L+/- 4

in Verbindung setzen lassen.

Wenn man sich z.B. $\frac{L}{7}$ +/- 2 und $\frac{L}{7}$ +/- 4 als Multiplikatoren denkt,

dann wäre der einzige Multiplikand, der nur annähernd das Umfeld um L

erreicht die Zahl 7. Alle größeren und kleineren Multiplikanden würden bei

der Multiplikation mit $\frac{L}{7}$ +/- 2 und $\frac{L}{7}$ +/- 4 eine Zahl bilden, die sich im Zahlenteppich sehr weit weg von der Zahl L befindet. Trotzdem können

die Produkte aus $7 \times \dfrac{L}{7}$ +/- 2 und $7 \times \dfrac{L}{7}$ +/- 4 die Lücken bei

L +/- 2 und L+/- 4 nicht füllen, da $7 \times \dfrac{L}{7}$ +/- 2 = L +/- 14 und

$7 \times \dfrac{L}{7}$ +/- 4 = L +/- 28 ist.

$\dfrac{L}{7}$ +/- 2 und $\dfrac{L}{7}$ +/- 4 können somit keine Bausteine für potentielle

Verszahlen bei L +/- 2 und L+/- 4 sein. Der Beweis lässt sich auch

umgekehrt durchführen. Wenn man nämlich L +/- 2 und L+/- 4 durch 7

teilt, dann wäre der Quotient eine gebrochene Zahl.

Darüber hinaus kann auch keine Zahl, die größer als $\dfrac{L}{7}$ ist, die Lücken

bei L +/- 2 und L+/- 4 füllen. Ihr kleinster Multiplikand, mit dem sie eine

Verszahl bilden kann, wäre ja die Zahl 7. Doch bereits bei 7 x PZ, wobei

PZ > $\dfrac{L}{7}$ ist, würden die vier Lücken L +/- 2 und L+/- 4 übersprungen.

Für eine MP-Zahl $\dfrac{L}{7}$ +/- 2 ergeben sich verschiedene Sachverhalte:

1. Wenn hinter $\dfrac{L}{7}$ +/- 2 eine Primzahl steckt, dann kann diese Primzahl nicht zugleich eine Lücke bei L +/- 2 und L+/- 4 schließen. Sie müsste mit 7 multipliziert werden, um in die Nähe von L zu kommen und selbst dann erreicht sie eine Position im Umfeld von L, dessen Abstand zu L schon mindestens 14 ist.

2. Wenn hinter $\dfrac{L}{7}$ +/- 2 eine Verszahl steckt, die zugleich durch 7 teilbar ist. Dann müsste ein Produkt dieser Verszahl zu L schon mindestens einen Abstand von 14 haben, eben weil L auch durch 7 teilbar ist. Demzufolge könnte eine solche Verszahl ebenso nicht eine Lücke bei L +/- 2 und L+/- 4 schließen.

Wenn man jedoch eine potentielle Verszahl bei $\dfrac{L}{7}$ +/- 2 oder bei $\dfrac{L}{7}$ +/- 4 in dessen Primzahlfaktoren zerlegen würde, hätten Produkte dieser Bausteine durchaus eine Chance sich in die Lücken bei L +/- 2 und L+/- 4 zu platzieren. Die Primzahlen müssten allerdings größer als P4 sein. Es ist z.B. möglich, dass

$$\dfrac{L}{7} + 4 = PX^2 \text{ und } L + 2 = PX \times PZ \text{ ist.}$$

Für beide Lücken zusammen genommen muss es aber schon einmal zwei voneinander verschiedene Primzahlen geben. Denn es ist nicht möglich, dass $\dfrac{L}{7} + 4 = PX^2$ und $L + 2 = PX^3$ ist, da $\dfrac{L}{7}$ ein Siebtel von L ist.

Die Wurzel aus PX^2, nämlich PX, kann diesem Siebtel aber nicht annähernd entsprechend sein, PX^3 würde eine weitaus höhere Zahl erreichen. Ebenso wenig ist es möglich, dass wenn $\dfrac{L}{7} + 4 = PX^2$ ist,

$\dfrac{L}{7} + 2$ das Quadrat einer anderen Primzahl ist, weil Quadrate von Primzahlen (ausgenommen die von 2 und 3) einen weitaus größeren Abstand als 8 zueinander haben. Der Abstand zwischen $\dfrac{L}{7} - 4$ und

$\dfrac{L}{7} + 4$ beträgt aber nur 8. In den Lücken zwischen $\dfrac{L}{7} - 4$ und $\dfrac{L}{7} +$ 4 können zwar Potenzen von verschiedenen einzelnen Primzahlen erscheinen, diese dürfen aber zueinander nicht den gleichen Exponenten haben. Dies bedeutet, dass sich Verszahlen in den Lücken zueinander durchaus nach gewissen Gesetzmäßigkeiten verteilen.

Ebenso gesetzmäßig verhält sich die Beziehung von $\dfrac{L}{7}$ zu $\dfrac{L}{11}$.

$\dfrac{L}{7} > \dfrac{L}{11}$. Dennoch ist es nicht machbar ein Produkt aus $\dfrac{L}{11}$ zu bilden, dass sich in das Umfeld von $\dfrac{L}{7}$ platziert. Schon am Bruch wird erkennbar, dass sich kein Multiplikator findet, durch den das gelingt. Ein anderer Grund wurzelt darin, dass beide Zahlen gemeinsame Multiplikatoren und Multiplikanden besitzen (3 und 5 sowie 13, 17, 19...P4). Ein Produkt aus $\dfrac{L}{11}$ müsste daher einen Abstand zu $\dfrac{L}{7}$ einhalten, der sich durch einen Multiplikator oder Multiplikanden wieder teilen lässt. Denn es geht nicht, dass zwei aufeinanderfolgende Zahlen mit bestimmten gleichen Primzahlfaktoren einen Abstand zueinander haben, der nicht teilbar durch einen ihrer Faktoren ist.

Der nächste Bereich auf der Spiralbahn zum Zeitpunkt der Bildung der Zahl L offeriert weitere interessante Aspekte:

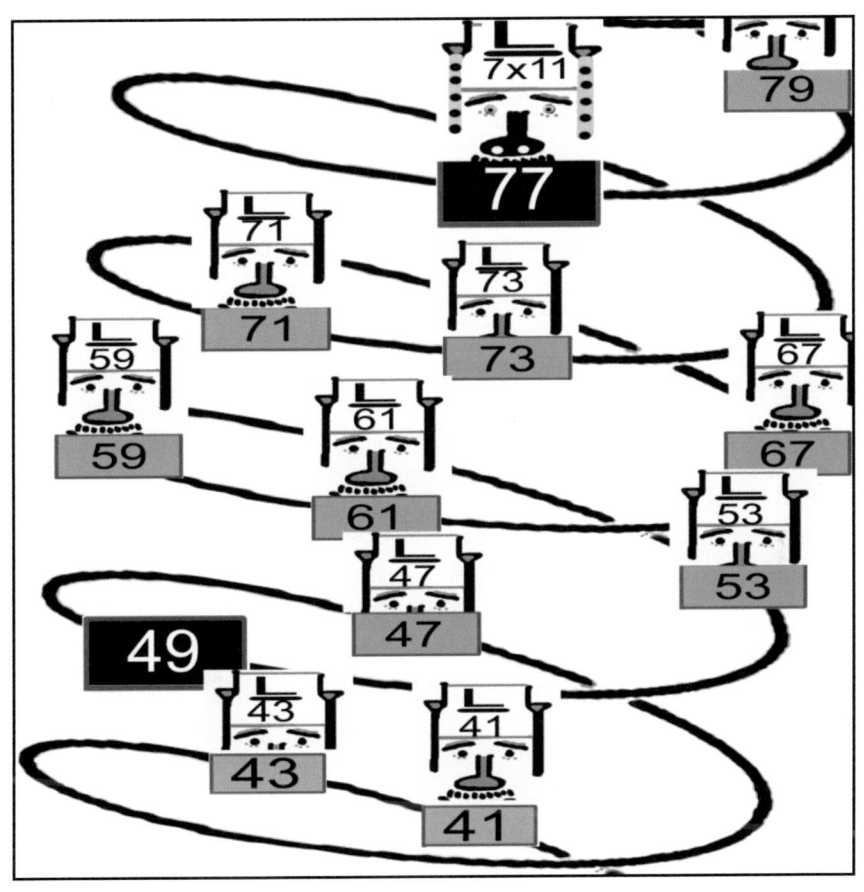

Für Primzahl-Multiplikatoren wie $\dfrac{L}{41}$ oder $\dfrac{L}{43}$ gelten ähnliche Gesetzmäßigkeiten wie bei $\dfrac{L}{7}$ zum selbigen Zeitpunkt. Im Umfeld der Zahl $\dfrac{L}{41}$ können die Primzahlen 3 bis 37 und 43 bis P4 keine Produkte in den Lücken bei $\dfrac{L}{41}$ +/- 2 und $\dfrac{L}{41}$ +/- 4 bilden. Die 41 selbst kann

nur maximal ein Produkt in den vier Lücken hervorbringen, wobei die jeweils anderen drei Lücken durch Primzahlprodukte aus Primzahlen > P4 gebildet werden müssten.

Interessant ist auch der Bereich zwischen $\dfrac{L}{41}$ und $\dfrac{L}{43}$. Zum Zeitpunkt

der Bildung von L treffen $\dfrac{L}{41}$ oder $\dfrac{L}{43}$ als Multiplikatoren auf die

entsprechenden Multiplikanden 41 bzw. 43. Da der Abstand zwischen

$\dfrac{L}{41}$ und $\dfrac{L}{43}$ sehr groß ist, kann es zwischen diesen beiden Zahlen sehr

viele Primzahlen bzw. Produkte aus Primzahlen geben, die größer als P4 sind. Auf der Spiralbahn befinden sich diese Primzahl-Läufer oder Primzahlprodukt-Läufer genau zwischen dem 41. und 43. Multiplikanden-Hindernis. Dies bedeutet, dass die nächste Multiplikation, die sie eingehen werden und die zu einer Verszahl führt, die 43. sein wird. Diese Zahl ist größer als L und sie befindet sich an einer Stelle im Zahlenteppich, die einen Mindestabstand von 2 x 43 = 86 zu L hat. Dies liegt daran, weil 43 umgedreht als Multiplikator nach L erst wieder bei L +/- 86 die nächste ungerade Zahl bilden kann. Produkte aus Zahlen, die zwischen $\dfrac{L}{41}$ und

$\dfrac{L}{43}$ liegen, können aus dem Grunde keine Produkte bei L +/- 2 und L+/-

4 bilden. Die 43 ist die nächste ungerade Zahl, mit der sie eine Multiplikation eingehen müssen. Der Grund liegt darin, weil jeder Multiplikator der Rangfolge seines nächst höheren Multiplikanden folgt.

Die Position des Verszahlen-Hindernis 49 ist zum Zeitpunkt der Bildung der Zahl L nicht besetzt. 49 ist zwar das Quadrat aus 7, aber da 7 als Multiplikator für L nur einmal verwendet wurde, ist L nicht durch 49 teilbar. Dennoch verhält sich die 49 im Umfeld von L nach einer bestimmten Gesetzmäßigkeit. Da die 7 ein Baustein von 49 ist, kann sich kein Produkt der 49 auf die Positionen L +/- 2 und L+/- 4 platzieren. Eine durch 49 teilbare Zahl muss zu L einen Mindestabstand von 7 haben. Gleiches gilt auch für alle Potenzzahlen der an L beteiligten Primzahlmultiplikatoren und Multiplikanden.

Das zweite Verszahlen-Hindernis auf der Spiralbahn ist die 77. Zum Zeitpunkt der Bildung der Zahl L ist dieses durch den Multiplikator

$\dfrac{L}{7 \times 11}$ bzw. $\dfrac{L}{77}$ besetzt. $\dfrac{L}{77}$ = 3 x 5 x 13 x 17...x P4, eben weil

L = 7 x 11 x 3 x 5 x 13 x 17...x P4 ist. Wenn man L durch ein oder mehrere ihrer Bausteine teilt, erhält man eine Zahl, die das Produkt der jeweiligen anderen Bausteine ist. Da die kombinatorischen vertauschbaren Möglichkeiten für L sehr groß sind, enthält L auch sehr viele Verszahlen als Bausteine. Da 3 x 5 zu QF-Zahlen führen, müsste man alle kombinatorischen Möglichkeiten jedoch noch durch 15 teilen, um auf die entsprechende Verszahl zu kommen.

Die Verszahlen-Bausteine von L sind all jene, die aus bestimmten Kombinationen der Primzahlen 7 bis P4 untereinander gebildet wurden. Kombinationen dieser Primzahlen, in denen Quadrate oder Potenzen mit anderem Exponenten erscheinen, gehören dabei nicht zu den Verszahl-Bausteinen von L. Trotzdem schließen auch jene Verszahlen, wie bereits gezeigt wurde, nicht die Lücken bei L +/- 2 und L +/- 4.

Da L nicht durch Potenzzahlen von Primzahlen teilbar ist, gibt es auch keine ganze Zahl $\dfrac{L}{P^n}$. Für $\dfrac{L}{P}$ gibt es hingegen so viele Zahlen, dessen Anzahl so groß ist, wie die Anzahl der an L beteiligten Primzahlen von 7 bis P4. Da sich nach den oberen Bedingungen aus den Primzahlen 7 bis P4 sehr viele Kombinationen bilden lassen, die zu verschiedenen Verszahlen führen und die dann zugleich auch Bausteine von L sind, lässt sich eine gewaltige Anzahl an QF-Zahlen des Typs $\dfrac{L}{V}$ bilden. Auch diese Zahlen, wie z.B. $\dfrac{L}{77}$, erschaffen Lücken bei $\dfrac{L}{V}$ +/- 2 und $\dfrac{L}{V}$ +/- 4, die nicht notwendigerweise durch Produkte der Primzahlen 7 bis P4 geschlossen werden.

Die Lücken bei $\dfrac{L}{77}$ +/- 2 und $\dfrac{L}{77}$ +/- 4 können nicht durch

Produkte der Primzahlen 13 bis P4 geschlossen werden, eben weil $\dfrac{L}{77}$

durch diese teilbar wäre. Da $\dfrac{L}{77}$ nicht weiter durch 7 oder 11 teilbar

sind, können Produkte dieser beiden Zahlen maximal zwei der vier Lücken schließen. Es sind verschiedene Varianten möglich. Die erste ist jene, dass keine der beiden Primzahlen in den vier Lücken ein Produkt bildet. Die zweite ist jene, dass beide ein gemeinsames Produkt, dass dann auch durch 77 teilbar wäre, in einer der vier Lücken platzieren. Selbst die dritte Variante muss nicht notwendigerweise einen potentiellen Primzahlzwilling verhindern. Dies wäre der Fall, wenn sich die beiden Produkte in den Lücken mit einem Abstand von 4, 6 oder 8 platzieren. Nicht aber, wenn beide Produkte mit einem Abstand von nur 2 in den Lücken erscheinen, dann wäre nämlich der jeweils andere MP-Zahlenzwilling von Produkten dieser Primzahlen unberührt.

Von den an L beteiligten Primzahlen größer gleich 7 lassen sich sehr viele Verszahlen bilden, die aus jeweils einem Multiplikator und Multiplikanden entstehen. Für jede dieser Verszahlen lässt sich eine Zahl des Typs

$\dfrac{L}{V}$ bilden, die dann wieder für sich genommen Lücken bei +/- 2 und

+/- 4 erzeugt, von denen nur maximal zwei Lücken durch die beiden Primzahlfaktoren von V geschlossen werden können. Doch selbst diese

Möglichkeit verhindert nicht notwendigerweise beide potentiellen Primzahlzwillinge. Je größer die an V beteiligten Primzahlen sind, desto geringer ist die Wahrscheinlichkeit, dass sich Produkte dieser Primzahlen überhaupt in dem Umfeld von $\dfrac{L}{V}$ finden.

Natürlich lassen sich auch sehr viele Zahlen des Typs $\dfrac{L}{V}$ bilden, bei denen sich V in sehr viele Primzahlen zerlegen lässt. Eine Aussage über die Umfelder dieser Zahlen zu treffen wird schwieriger. Meines Erachtens hängt die Wahrscheinlichkeit mit zwei Sachverhalten zusammen, nämlich zum einen, in wie viele Primfaktoren V sich zerlegen lässt und zum anderen spielt die Größe der Primzahlen eine Rolle. Eine Zahl V, die sich in viele verschiedene kleine Primzahlfaktoren zerlegen lässt, dürfte meines Erachtens weniger Lücken bei $\dfrac{L}{V}$ zulassen, als eine Zahl V, die sich nur in sehr wenige und große Primzahlfaktoren zerlegen lässt.

Wenn ich sagen würde, dass L aus den Primzahlen 3 bis P4 gebildet wurde, wobei P4 z.B. die Quadrillion und zweite Primzahl wäre, dann gäbe es für L schon einmal vier Lücken, die nicht durch Produkte dieser Quadrillion und zwei Primzahlen geschlossen werden können. Wenn ich jetzt aber noch die QF-Zahlen $\dfrac{L}{P}$ dazunehme, die sich durch L rekursiv erzeugen lassen, dann gäbe es garantierte Drei Quadrillion zusätzliche MP-

Zahlen-Positionen, in denen keine Produkte durch die Primzahlen von 3 bis P4 erscheinen können. Dies ist nur eine Minimalanzahl. Eine weitaus höhere Anzahl an Positionen ist denkbar, da aufgrund der Größe der großen an L beteiligten Primzahlen, dessen Wahrscheinlichkeit abnimmt, gerade in einem bestimmten Umfeld ein Produkt zu bilden.

Auf die Zahl der Drei Quadrillion komme ich, weil ich von den Quadrillion und zwei Primzahlen, die beiden Zahlen 3 und 5 zunächst abziehe. Eine Zahl $\dfrac{L}{3}$ oder $\dfrac{L}{5}$ wäre nämlich keine QF-Zahl. Dass es für die verbleibenden Quadrillion Zahlen garantiert Drei Quadrillion Lücken gibt, die durch Produkte dieser Zahlen nicht gefüllt werden können, liegt daran, weil jede Zahl des Typs $\dfrac{L}{P}$ nur ein Produkt durch P im nahen Umfeld von $\dfrac{L}{P}$ zulässt.

Die Gesamtanzahl der Lücken, die in Bereichen größer als P4 und kleiner als L auftauchen, und die nicht durch Produkte aus den Zahlen bis P4 gebildet werden können, ist mit sehr hoher Wahrscheinlichkeit um eine extreme Größe noch höher. Alle Lücken, auch wenn sie sehr weit auseinander liegen und sich über ein nicht vorstellbares Feld im Zahlenteppich verstreuen, müssen dennoch mit Produkten oder Potenzen von Primzahlen so gefüllt werden, dass es nie wieder vorkommen darf, dass zwei nebeneinanderstehende MP-Zahlen Lücken sich nicht mit Primzahlen füllen, denn wenn dies der Fall ist, dann erscheint hier ein Primzahlzwilling. Die Wahrscheinlichkeit, dass es unendlich viele Primzahlzwillinge gibt, erscheint mir aus den Ergebnissen der verschiedenen Untersuchungsansätze extrem hoch, während die Wahrscheinlichkeit, dass es endlich viele Primzahlzwillinge gibt dagegen, wie ein Sandkorn im Universum aussehen dürfte. Letztlich ist dieses angenommene Verhältnis jedoch kein Beweis für oder gegen die Unendlichkeit, da die Restwahrscheinlichkeit dieses Sandkorns solange erhalten bleibt, bis sie widerlegt wird.

Die Energie, die durch neue Primzahlen größer als $P4$ aufzubringen ist, wenn $P4$ die zweite Primzahl des letzten Primzahlzwillings ist, erscheint sehr hoch. Sie ist bedingt durch den Abstand, den jetzt Primzahlen zueinander haben müssten, damit es keine Primzahlzwillinge mehr gibt, und bedingt durch die Anforderung Lücken mit Produkte und Potenzen füllen zu müssen, damit keine freien Positionen mehr im Zahlenteppich Primzahlzwillinge zulassen. Dazu kommt, dass Primzahlen, die größer als $P4$ sind, so groß sind, dass sie von einer Multiplikation zur nächsten ein extrem großes Feld an Zahlen hinter sich lassen, an dessen Zahlenbildung sie überhaupt nicht beteiligt sein können. Um die Energie aufbringen zu können, braucht der Zahlenteppich sehr viele neue Primzahlen, die größer als $P4$ sind. Damit diese neuen Primzahlen keine Primzahlzwillinge mehr zulassen, benötigt ihr Erscheinen eine gewisse Ordnung, die einen Mindestabstand von 4 zueinander einhält. Der notwendige Mindestabstand sorgt jedoch widersprüchlicher weise dafür, dass es weniger Primzahlen gibt, die Bausteine für Verszahlen zur Verhinderung von Primzahlzwillingen sein können.

Den nächsten Bereich, den ich mir auf der Spiralbahn zum Zeitpunkt der Bildung der Zahl L ansehen möchte, befindet sich im Umfeld des Multiplikanden-Hindernis von $P4$:

Auf dem Multiplikanden-Hindernis P4 befindet sich zu diesem Zeitpunkt der

Multiplikator-Läufer der QF-Zahl $\dfrac{L}{P4}$. Das Multiplikanden-Hindernis

P5 ist jedoch zu diesem Zeitpunkt unbesetzt, eben weil eine potentielle

Primzahl P5 nicht an der Bildung von L beteiligt ist. So gibt es auf der

Spiralbahn auch keinen Multiplikator-Läufer des Typs $\dfrac{L}{P5}$, da dieser

Bruch zu keiner natürlichen Zahl führen würde.

In einem sehr weit entfernten, höheren Bereich der Spiralbahn befindet sich eine vertauschte Variante dieses Spiralbahnabschnitts.

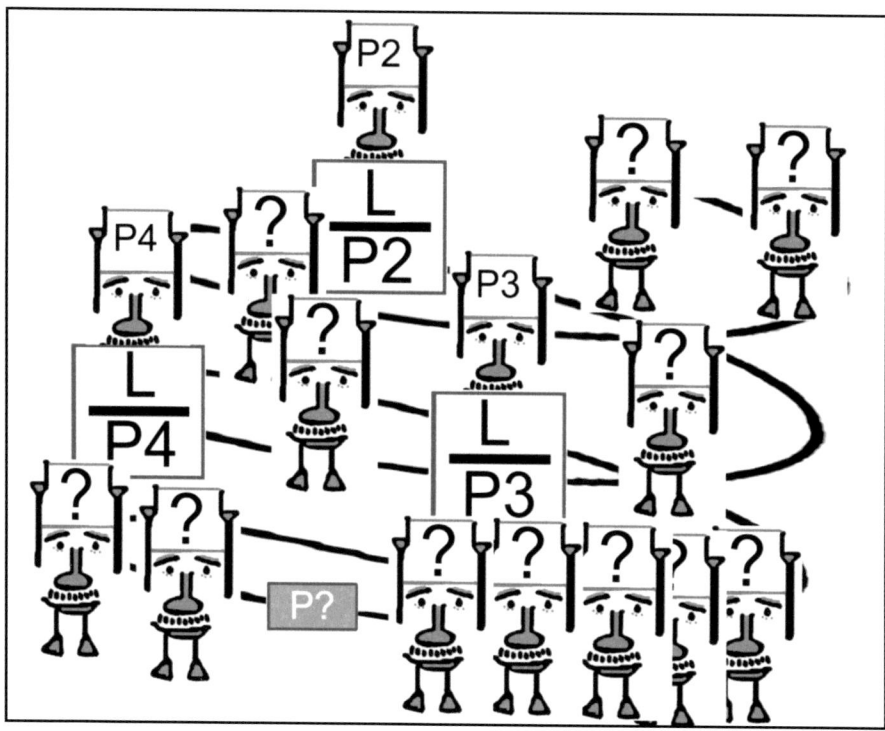

Hier gibt es aus gleichem Grund auch kein Multiplikanden-Hindernis des

Typs $\dfrac{L}{P5}$. Umgedreht trifft hier der Multiplikator-Läufer P4 auf das

Multiplikanden-Hindernis $\dfrac{L}{P4}$. Hinter dem Multiplikator- Läufer P4 befindet sich irgendwo auf der Spiralbahn der Multiplikator- Läufer P5. Doch wo?

Nach der Endlichkeitsbehauptung muss eine potentielle neue Primzahl zur vorherigen einen Mindestabstand von 4 haben.

P5 muss diesen des weiteren auch aus dem Grunde haben, weil P3 und P4 nach meiner Bestimmung einen Primzahlzwilling bilden. Das Ereignis, dass drei Primzahlen mit einem Abstand von 2 aufeinanderfolgen, kommt nur einmal bei 3, 5 und 7 vor. Bei allen anderen ungeraden Zahlen ist von drei aufeinanderfolgenden immer eine durch 3 teilbar.

Der Abstand von mindestens 4, den P5 zu P4 hat, erscheint jedoch nur, wenn man P4 und P5 mit 1 multipliziert. Bei jeder weiteren Multiplikation erhöht sich dieser. Dazu kommt, dass P5 als Polygon erst viel später mit der Rotation beginnt. Auch dieser Aspekt vergrößert den Abstand zusätzlich, so dass P5 mit viel kleineren Zahlen bereits höhere Zahlen als P4 bildet.

Aus diesem Grunde ist P5 als Multiplikator zum Zeitpunkt L noch weit davon entfernt mit $\dfrac{L}{P4}$ eine Multiplikation einzugehen. Wenn dieses Ereignis eintritt, dann bildet P5 mit $\dfrac{L}{P4}$ eine weitaus größere Zahl als L.

Damit P5 im Umfeld von L eine Verszahl bilden kann muss sie also auf eine Zahl treffen, die weitaus kleiner als $\dfrac{L}{P4}$ ist. Dies kann eine Potenzzahl von P5 oder das Produkt von P5 mit einer oder mehrerer neuer Primzahlen größer als P5 sein.

Primzahl verhindernde Verszahlen im Umfeld um L müssen demzufolge aus Primzahlen gebildet worden sein, die aus einem Bereich stammen, der größer als P4 und kleiner als $\dfrac{L}{P4}$ ist. Diesem Bereich möchte ich mich im nächsten Schritt zuwenden.

In der nachfolgenden Grafik habe ich die Spiralbahn in drei Abschnitten unterteilt. Bestimmte Sachverhalte des ersten Abschnitts von 1 bis P4 und des dritten Abschnitts von $\dfrac{L}{P4}$ bis L habe ich bereits besprochen. Mein Hauptaugenmerk soll jetzt auf den mittleren Abschnitt gerichtet sein. Zunächst möchte ich jedoch sagen, dass die graphische Veranschaulichung den tatsächlichen Größenverhältnissen der drei Abschnitte zueinander in keiner Weise gerecht wird.

Auch wenn P4 eine sehr große Primzahl ist, so dürfte die Menge der Zahlen des ersten Abschnitts im Verhältnis zum zweiten, kleiner als ein Sandkorn im Universum erscheinen. Der dritte Abschnitt hingegen wiederholt die Menge der Zahlen des zweiten Abschnitts um so viel mal, wie P4 groß ist. Selbst wenn man eine P4 Zahl bestimmt, die z.B. aus einem noch überschaubaren Bereich von 10^{10} stammt, dann wäre nicht nur das Aufschreiben oder Errechnen einer Zahl L eine schwer zu bewerkstelligende Aufgabe. Das schwierigste wäre eine Vorstellung darüber zu bekommen, welche Menge an einzelnen Zahlen hinter jener zusammenfassenden Zahl steckt. Wenn man sich jede einzelne Zahl als Sandkorn vorstellen würde, dann würde wahrscheinlich der Platz aller uns bekannten Galaxien nicht ausreichen, um alle Sandkörner unterbringen zu können. Daher versuche ich in der nachfolgenden Grafik auch keine Größenabstufung zwischen den drei Abschnitten.

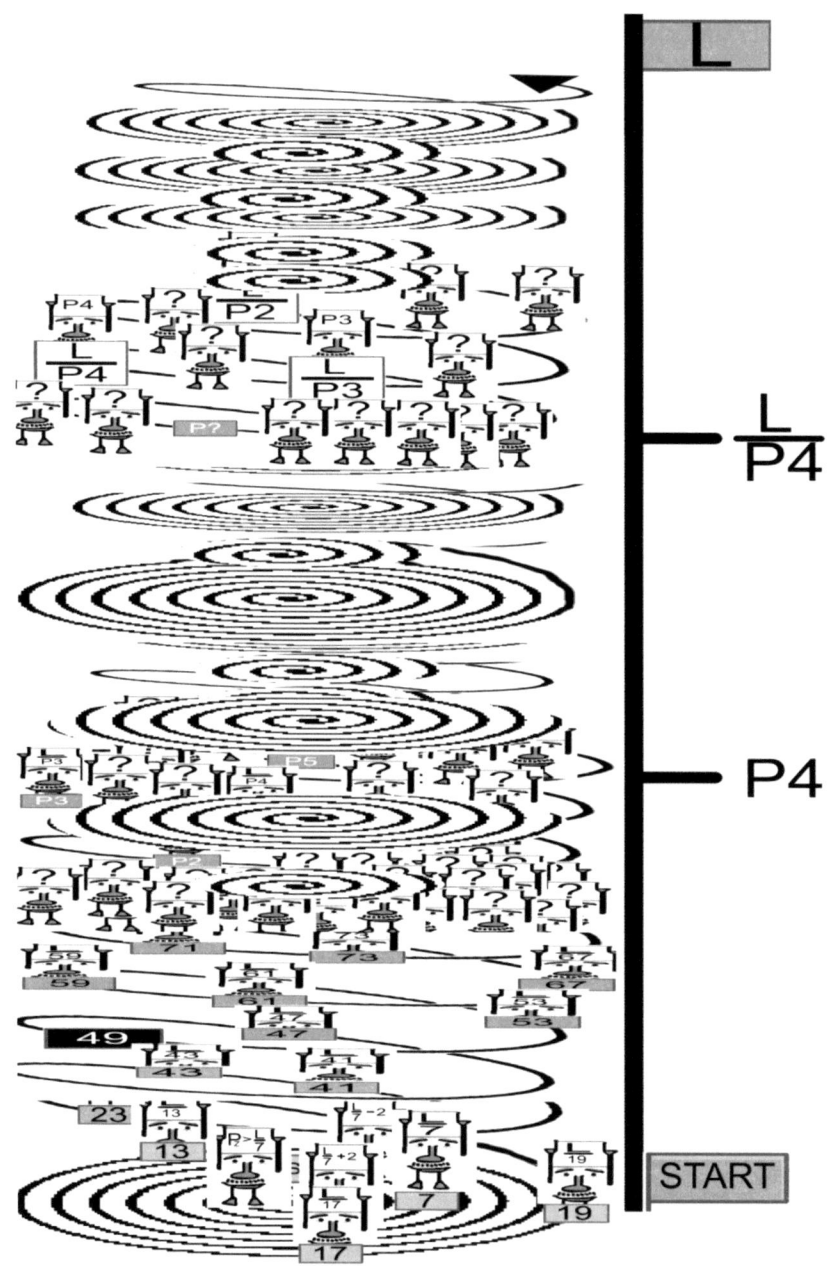

Der mittlere Bereich zwischen $P4$ und $\dfrac{L}{P4}$ ist jener, in denen die Zahlen erscheinen, die im Umfeld von L Verszahlen bilden könnten. Doch nicht jeder Typ von Zahlen dieses Bereich ermöglicht es. In diesem Bereich erscheinen nämlich auch Zahlen, die sich in Kombinationen der Primzahlen bis $P4$ zerlegen lassen. Da L aber in mindestens einem dieser Bausteine zerlegbar ist, müssen weitere Produkte dieser Zahlen zu L einen Mindestabstand haben, der jener Größe ihres kleinsten Bausteins entspricht. Auch wenn eine Potenzzahl aus 7 oder ein Produkt vieler verschiedener Primzahlen $< P5$ eine Zahl bilden, die größer als $P4$ ist, dann würde ein weiteres Produkt aus dieser Zahl niemals die Lücken bei L +/- 2 und L+/- 4 schließen können.

Gleiches gilt auch für alle Kombinationen, die ein Gemisch zwischen Primzahlen größer als $P4$ und kleiner als $P5$ sind. Die Zerlegbarkeit in nur einen Primfaktor aus dem Bereich bis $P4$ reicht aus, damit sich diese Kombination nicht in die Lücken bei L +/- 2 und L+/- 4 platziert.

Potentielle Verszahlen in den Lücken dürfen daher nur in Primzahlfaktoren größer als $P4$ zerlegbar sein. Diese Primzahlfaktoren können aber auch nicht größer als $\dfrac{L}{P4}$ sein. Dies liegt daran, weil – wie bereits gezeigt wurde – der nächste auf $P4$ folgende, kleinst mögliche Multiplikator $P5$ wäre. $P5$ würde bei einer Kombination mit $\dfrac{L}{P4}$ aber bereits das Umfeld von L um eine enorme Größe verlassen.

Somit scheidet auch eine große Menge an Zahlen für die Zahlenbildung im Umfeld von L aus. Potentielle Verszahlen bei L +/- 2 und L+/- 4 können nur in Bausteine von Primzahlen größer als P4 und kleiner als $\dfrac{L}{P4}$ zerlegbar sein.

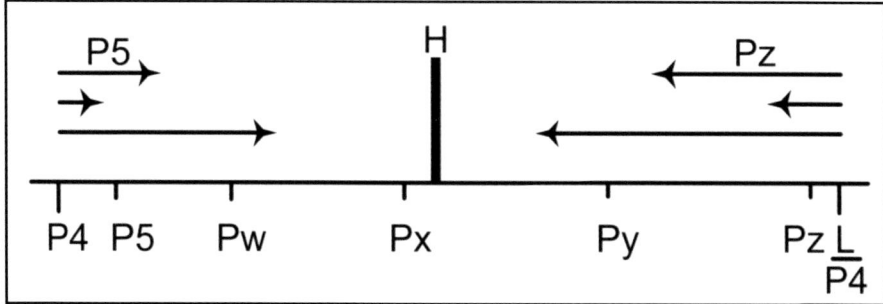

Für die Primzahl-Bausteine des Bereichs P4 bis $\dfrac{L}{P4}$ gibt es verschiedene Kombinationsmöglichkeiten zu- und untereinander. Damit sich Potenzen oder Produkte dieser Kombinationen in die Lücken bei L +/- 2 und L+/- 4 platzieren, müssen bestimmte Gesetzmäßigkeiten erfüllt sein.

P5 ist der erste Multiplikator, der in einer der vier Lücken eine Verszahl bilden könnte. Eine solche könnte z.B. das Format $P5^n$ haben. Eine andere Möglichkeit wäre, dass sich P5 mit einem Multiplikanden der Primzahl Pz kombiniert. Dann könnte z.B. L − 2 = P5 x Pz sein. Pz wäre daher

$$\dfrac{L-2}{P5} \; .$$

P5 hat in meinem Beispiel einen Abstand zu P4 von 4.

P5 wäre also P4 + 4. Doch wie groß kann und darf dann Pz sein?

Statt $Pz = \dfrac{L-2}{P5}$ ließe sich auch $\dfrac{L-2}{P4+4}$ schreiben.

$\dfrac{L-2}{P4+4} < \dfrac{L}{P4}$, aber selbst diese Formel lässt nicht erahnen, um

wie viel kleiner Pz sein muss und an welcher Stelle sie sich vor $\dfrac{L}{P4}$ auf

dem Zahlenstrahl befinden muss, um bei L − 2 mit P5 ein Produkt zu

bilden. Daher wähle ich eine andere Vorgehensweise.

Ich hatte bereits gezeigt, dass der Multiplikand für P5 kleiner als

$\dfrac{L}{P4}$ sein muss.

Da $\dfrac{L}{P4}$ eine QF-Zahl ist, befindet sich bei $\dfrac{L}{P4}$ - 2 eine MP-Zahl.

Daher könnte sich an dieser Stelle auch die Primzahl Pz befinden.

Pz wäre also $\dfrac{L}{P4}$ - 2.

Für L − 2 = P5 x Pz würde die Gleichung daher wie folgt verlaufen:

$L - 2 = (P4 + 4) \times (\dfrac{L}{P4} - 2)$

$$= P4 \times \frac{L}{P4} - 2 \times P4 + 4 \times \frac{L}{P4} - 8$$

$$= L + \frac{4L}{P4} - 2 \times P4 - 8$$

$$L \quad = L + \frac{4L}{P4} - 2 \times P4 - 6$$

Damit die Gleichung wahr ist und sich letztlich L = L ergibt, müsste

$$\frac{4L}{P4} - 2 \times P4 - 6 = 0 \text{ sein.}$$

$\frac{4L}{P4}$ dürfte eine sehr große Zahl ergeben, da an L sehr viele Zahlen

beteiligt sind. Der Subtrahend 2 x P4 dürfte im Verhältnis zu L jedoch sehr

klein sein.

Zu dem großen Rest von $\frac{4L}{P4} - 2 \times P4 - 6$ kam ich, weil ich bei der

Multiplikation P5 x Pz, Pz in einem Abstand von nur 2 zu $\frac{L}{P4}$ verortet

habe. Der Rest zeigt, dass Pz einen deutlich größeren Abstand haben

muss, damit sie mit P5 bei L - 2 eine Verszahl bilden kann.

Die vorausgehenden Gleichungen möchte ich am Beispiel weniger, kleiner

Primzahlen einmal vorführen:

Ich behaupte dafür, dass die Zahl 13 die letzte Primzahl eines Primzahlzwillings sei. P4 wäre demzufolge = 13. Die nächste Primzahl zu P4 muss dann einen Mindestabstand von 4 haben. In meinem Beispiel findet man tatsächlich bei P4 + 4 = 17 eine Primzahl. P5 wäre demzufolge = 17.

Um jetzt zu überprüfen, ob bei $\dfrac{L}{P4} - 2$ der Multiplikand Pz zu finden wäre, der mit P5 bei L − 2 eine Verszahl bilden könnte, bilde ich jetzt zunächst aus den Primzahlen 3, 5, 7, 11 und 13 die QF-Zahl L. L wäre demzufolge 3 x 5 x 7 x 11 x 13 = 15.015.

Für L − 2 = P5 x Pz würde die Gleichung daher wie folgt verlaufen:

$$L - 2 = (P4 + 4) \times \left(\frac{L}{P4} - 2 \right)$$

$$= L + \frac{4L}{P4} - 2 \times P4 - 8$$

$$15.015 - 2 \quad = 15.015 + \frac{4 \times 15.015}{13} - 2 \times 13 - 8 \quad | -15.015$$

$$-2 \quad = \frac{60.060}{13} - 34 \quad | +2$$

$$0 = 4.620 - 32$$

$$0 = 4.588 \quad \text{falsch}$$

Das Beispiel zeigt, dass bereits eine kleine Primzahl wie 17 mit einem

Multiplikanden Pz, der bei $\dfrac{L}{P4} - 2$ läge, in der Multiplikation eine

weitaus entferntere Stelle als L erreichen würde. Der Grund dafür erklärt

sich mit dem Abstand von 4, den 17 zu 13 hat.

Wenn $\dfrac{L}{P4}$ der Multiplikand von 13 und nachfolgend von 17 ist, dann

ergibt sich zunächst

$13 \times \dfrac{L}{P4}$ = 13 x 1.155 = 15.015 und nachfolgend

$17 \times \dfrac{L}{P4}$ = 17 x 1.155 = 19.601.

Für 17 x 1.155 ließe sich auch 13 x 1.155 + 4 x 1.155 schreiben. Dies zeigt, dass die Größe des Abstands zweier Multiplikatoren eine entscheidende Rolle spielt. Für 17 müsste demzufolge nach einem weitaus kleineren Multiplikanden gesucht werden. Die 17 bildet im Umfeld von L tatsächlich eine Verszahl, nämlich bei L - 4. Ihr Multiplikand ist jedoch schon wesentlich kleiner als der von 13. Die 17 kombiniert sich nämlich mit der Primzahl 883 und bildet bei L − 4 die Verszahl 15.011.

Damit Primzahlen größer als P4 im Umfeld von L zueinander und untereinander Verszahlen bilden, erfordert es im Zahlenteppich ein geregeltes Abstandsverhältnis zwischen den Multiplikatoren und den Multiplikanden. Ein Produkt aus einem Multiplikator P5 und einem

Multiplikanden Pz, das in einem bestimmten Bereich erscheinen soll, erfordert einen bestimmten Ausgleich des Abstands. Je größer der Abstand von $P5$ zu $P4$ ist, umso früher muss Pz vor $\dfrac{L}{P4}$ im Zahlenteppich erscheinen.

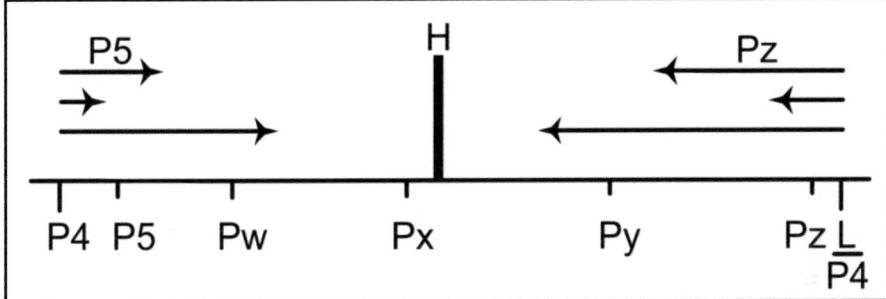

Das Prinzip der Kombinationen zwischen Multiplikator und Multiplikanden könnte dem einer Laufgewichtswaage sehr ähnlich sein. H wäre demnach der Drehhebel, der für den Ausgleich der Abstände sorgt. Wenn $P5$ sich mit Pz kombiniert, dann darf keine der beiden Primzahlen diesen imaginären Ort H überschreiten, denn sonst würde ihr gemeinsames Produkt sich weit hinter L platzieren. H würde dabei nicht bei der Hälfte von $\dfrac{L}{P4}$ zu finden sein, auch nicht bei der Hälfte der Differenz aus $\dfrac{L}{P4}$ - $P4$. Der Ort schafft sich aus einem Verhältnis, dass durch die Abstände bedingt ist, die $P5$ und Pz jeweils zu $P4$ und $\dfrac{L}{P4}$ haben. Wenn mehrere

Multiplikatoren und Multiplikanden im Umfeld von L ein Produkt bilden, würde sich H weiter nach links näher zu P4 als zu $\dfrac{L}{P4}$ verschieben.

Beispiele für Kombinationen mehrerer Multiplikatoren und Multiplikanden wären P5 x Pw x Py oder P5n x P7 x P28 x P49n.

Ich hatte gezeigt, dass es durch das Bilden einer Zahl L zureichend Lücken gibt, die nicht durch die an L beteiligten Primzahlen geschlossen werden können. Damit diese Lücken geschlossen werden, muss es aber auch zureichend viele Drehhebel H geben, die den Ausgleich tatsächlich zustande bringen.

Da es unendlich viele Primzahlen gibt, lassen sich auch unendlich viele Zahlen des Typs L bilden. Es reicht aus, L mit der nächst folgenden Primzahl oder nochmals mit schon verwendeten Primzahlen größer gleich 3 zu kombinieren um zu QF-Zahlen zu gelangen, in dessen Umfeld potentielle weitere Primzahlen verborgen sind. Dies erfordert eine hohe Kombinationsfreudigkeit der jeweils neuen und größeren Primzahlen. Eine erste Verszahlenbildung ist erst mit 7 möglich. Dies bedeutet einen enormen Sprung, bei dem die sehr große Lücke 6 x n − 1 hinterlassen wird. Dennoch ist die erste Verszahlenbildung für L bedeutungslos, eben weil die neue Primzahl als Multiplikand 7 verwendet hat. Damit die neue Primzahl Verszahlen bildet, die sich in Lücken bei L platzieren, braucht sie einen Multiplikanden, der nicht für L verwendet wurde. Ein solcher Sprung, der neuen Primzahl ist gewaltig und er hinterlässt unvorstellbar viele Lücken.

Die Kombinationsmöglichkeit für eine neue größere Primzahl ist zwar auch aufgrund der Unendlichkeit von Primzahlen unbegrenzt. Die

Kombinationsfreudigkeit einer großen Primzahl nimmt für einen bestimmten Zahlenbereich im Verhältnis zu den kleineren Primzahlen erheblich ab.

Schlussbemerkungen

Diese Arbeit hat verschiedene Instrumentarien hervorgebracht, die Gründe erkennbar machen, warum Primzahlen entstehen. Sie erscheinen nämlich immer dann, wenn Multiplikatoren und Multiplikanden aufgrund ihrer Größen und Größenunterschiede keine Multiplikationen eingehen können. Jede Primzahl folgt für sich genommen einer eigenen Ordnung. Es gibt Zeitpunkte im Zahlenteppich, zu denen mehrere Primzahlen gemeinsam ein Produkt bilden und Zeitpunkte, zu denen dies nicht der Fall ist. Möglichkeiten für das Erscheinen von Primzahlen gibt es viele, nämlich immer dann, wenn es an anderer Stelle zu einer Konzentration an Produktbildungen durch Primzahlen kommt. Dass sich die Möglichkeiten so verifizieren, dass es unendlich viele Primzahlen gibt, zeigt der Unendlichkeitsbeweis von Primzahlen. Ob sich eine Endlichkeit von Primzahlzwillingen bestätigen könnte, hängt davon ab, ob sich irgendwann im Zahlenteppich durch die Fülle an Zahlen eine Situation ergibt, die keine Abstände zweier Primzahlen von nur 2 zulässt. Meines Erachtens müsste sich dafür das System der Zahlenbildung in ein System umwandeln, das sich nur noch nach bestimmten Gesetzmäßigkeiten verhält. Die Chance dafür erscheint mir sehr gering, weil sich in den unteren Zahlenbereichen, wo eigentlich kombinationsfreudige kleine Primzahlen zu finden sind, dennoch zureichend Situationen ergeben, die nicht primzahlverhindernd sind. Es erscheinen zwar in höheren Bereichen neue Primzahlen, die sich auch kombinieren, während sich frühere weiter kombinieren, trotzdem werden aber die Abstände der Produkte nachfolgender Multiplikationen großer Primzahlen auch zunehmend größer. Wenn es aber in größeren Bereichen weniger neue Primzahlen gibt, dann fehlt meines Erachtens an bestimmten Stellen das Multiplikandenpendant, das dem kleineren Multiplikator dazu verhelfen würde, eine Primzahlverhindernde Verszahl zu bilden.

Dadurch, dass mit der Endlichkeitsbehauptung von Primzahlzwillingen mindestens pro 30er Zyklus 3 Verszahlen erscheinen müssen, verändert sich das vorher im Zahlenteppich herrschende unbestimmte Verhältnis von Primzahlen zu Verszahlen in ein Verhältnis das zunehmend an Bestimmung gewinnt.

Zuvor konnte man nur sagen, dass pro Bereich mit dem Intervall von 10^n bis 10^{n+1} für $n > 1$ insgesamt $24 \times 10^{n-1}$ neue MP-Zahlen dazukommen. Jetzt aber verändert sich dieser Sachverhalt insofern, dass von diesen neuen MP-Zahlen garantiert $9 \times 10^{n-1}$ Zahlen Verszahlen sind.

Unbestimmt hingegen bleibt ein Anteil von $15 \times 10^{n-1}$ Zahlen, die sich in Verszahlen und Primzahlen aufteilen.

Im kombinatorischen Abschnitt hatte ich die drei Kombinationstypen PPK, PVK und VVK vorgestellt. Ich hatte dabei gezeigt, dass die VVK-Kombinationen insofern bedeutungslos werden, weil sie zu Zahlen führen, die auch durch PVK und PPK- Kombinationen erzeugbar sind. Dies würde dann auch für die Verszahlen Kombinationen gelten, die an die notwendige Mindestanzahl von $9 \times 10^{n-1}$ gebunden sind.

VVK – Kombinationen eines Bereich mit dem Intervall von 10^n bis 10^{n+1} würde es ab dem Moment an dem die Endlichkeitsbehauptung wirkt, abgerundet $0,004 \times 10^{2n}$ (0,0045; 0,004095; 0,0040545; 0,00405045...) geben.

Wenn man die Gesamtanzahl an Verszahlen nimmt, die bis zu einem Bercich 10^{n+1} möglich sind, dann pendelt sich der Anteil garantierter Verszahlen auf $9,999.. \times 10^{n-1}$ ein. Dies liegt daran, weil mit Bestimmung von einer garantierten Gesamtanzahl alle vorher gefundenen Verszahlen

229

sich mit den bestimmten addieren. Ihr Anteil wird jedoch mit höheren Dezimalbereichen immer schwächer, so dass dieser Wert irgendwo weit hinter dem Koma verschwindet. Verszahlen eines Bereichs bis 10^{n+1} würden untereinander somit annähernd $0{,}004999\ldots \times 10^{2n}$ VVK - Kombinationen erzeugen.

Wie viele PPK- und PVK- Kombinationen es unten den $15 \times 10^{n-1}$ MP-Zahlen gibt, ist hingegen schwer zu sagen.

Dadurch, dass sich durch die Bestimmung, jene MP-Zahlen zusätzlich in Verszahlen und Primzahlen aufteilen, entspricht die tatsächliche Anzahlung der vertauschbaren und bedeutungslosen Kombinationen einem hohen Wert. Man könnte zunächst die Kombinationsanzahl der $15 \times 10^{n-1}$ MP-Zahlen mit den garantierten $9 \times 10^{n-1}$ Verszahlen errechnen.

MPVK – Kombinationen eines Bereich mit dem Intervall von 10^{n} bis 10^{n+1} würde es ab dem Moment an dem die Endlichkeitsbehauptung wirkt, dann $0{,}0135 \times 10^{2n}$ geben.

Wenn man die Gesamtanzahl an $15 \times 10^{n-1}$ MP-Zahlen nimmt, die bis zu einem Bereich 10^{n+1} möglich sind, dann pendelt sich der Anteil auf $16{,}666\ldots5 \times 10^{n-1}$ ein.

MP-Zahlen eines Bereichs bis 10^{n+1} würden dann mit den $9{,}999.. \times 10^{n-1}$ Verszahlen annähernd $0{,}016666\ldots \times 10^{2n}$ MPVK -Kombinationen erzeugen. Diese schaffen jedoch nochmals einen großen Anteil an Kombinationen, die zu gleichen Verszahlen führen. Der Anteil an Kombinationen, die einmalig zu Verszahlen führen ist hierbei jedoch gering.

Dies wird erkennbar, wenn man alle in den MPVK- Kombinationen integrierten PVK und VVK – Kombinationen nach Typen unterscheidet. Dafür verwende ich folgende Kürzel:

V15 und P15 stehen für die Verszahlen und Primzahlen, die in den $15 \times 10^{n-1}$ MP-Zahlen enthalten sind und die ich als Multiplikator verwende.

V9 hingegen typisiert alle $9 \times 10^{n-1}$ garantierten Verszahlen als Multiplikand. Dadurch werden die V15V9 –Kombinationen insofern bedeutungslos, eben weil dessen Produkte sich an anderer Stelle durch PVK und PPK –Kombinationen ergeben. Selbst von den P15V9 – Kombinationen führt ein potentiell großer Anteil zu gleichen Verszahlen. Dies hängt von den Typen an Verszahlen ab, auf die jene Primzahlen treffen. Wenn es Typen sind, die sich aus voneinander verschiedenen Multiplikatoren und Multiplikanden zusammensetzen, dann führte eine vorherige Kombination unter Umständen schon zur gleichen Zahl. Bei einer Verszahl, die eine Kombinationskette ist, in der mindestens ein Multiplikator oder Multiplikand mehrfach verwendet wurde, dann kann sich beim Zusammentreffen der Primzahl mit der Verszahl ein erstmalig neues Produkt ergeben, eben weil in meiner Definition diese Möglichkeiten in PPK – Kombinationen nicht integriert sind.

Die dritte neue Variante wären MP-MP-Kombinationen der jeweiligen $15 \times 10^{n-1}$ MP-Zahlen. Auch in dieser Variante sind PPK, PVK und VVK – Kombinationen integriert. Die P15P15K-Kombinationen führen zu erstmalig gebildeten Verszahlen. Je nach Typ der Verszahlen gibt es auch in den P15V15K-Kombinationen sich wiederholende Produkte. Der Typ V15V15 hingegen erzeugt Kombinationen, die an anderer Stelle durch PPK und PVK- Kombinationen erzeugbar sind.

MP-MPK – Kombinationen eines Bereich mit dem Intervall von 10^n bis 10^{n+1} würde es ab dem Moment an dem die Endlichkeitsbehauptung wirkt, dann abgerundet $0,01125\ldots \times 10^{2n}$ ($0,012$; $0,011325$; $0,0112575$; $0,01125075\ldots$) geben. Bei einer Gesamtanzahl von $16,666\ldots5 \times 10^{n-1}$ MP-Zahlen, die bis zu einem Bereich 10^{n+1} möglich sind, pendelt sich der Anteil an MP-MPK- Kombinationen auf ungefähr $0,0138\ldots \times 10^{2n}$ ein.

Der hohe Anteil an Kombinationen der zu gleichen Verszahlen führt, ist ein Grund dafür, dass sich zunehmend mehr Primzahlen am absoluten Nordpunkt treffen. Nach diesem Zusammentreffen fehlen diese jedoch für viele Zeiteinheiten als Multiplikanden zur Bildung weiterer Verszahlen, die Primzahlen verhindern. Andererseits führt der hohe Anteil an VVK – Kombinationen dazu, dass PPK Kombinationen, obwohl es von ihnen weniger gibt, mehr gefordert werden um gerade die Lücken im Umfeld von Zahlen wie L zu füllen.

Wenn man mit der Endlichkeitsbehauptung sagen würde, dass nach einem letzten Primzahlzwilling $P3$ mit $P4$ nur noch einzeln stehende Primzahlen erscheinen, dann integriert dies den Sachverhalt, dass die unmittelbar auf $P4$ folgenden Verszahlen sich alle durch Primzahlen des Bereichs bis $P4$ erzeugen lassen müssen. Die Strecke dieser Verszahlen, deren Bausteine aus dem Bereich bis $P4$ stammen müssen, ist lang, schließlich kann $P5$ erst bei $7 \times P5$ die erste Verszahl bilden.

Die jeweils mindestens $9 \times 10^{n-1}$ Verszahlen pro Bereich mit dem Intervall von 10^n bis 10^{n+1} können somit bis zum Erscheinen von $7 \times P5$ nur in diese früheren Bausteine zerlegt werden. Das Problem, dass sich für diese

Verszahlen weiter ergibt ist, dass alle Kombinationen, die sie mit weiteren Verszahlen erzeugen, sich durch vertauschbare Kombinationen früherer Primzahlen darstellen lassen. Dies hat aber die Konsequenz, dass die Polygone der Primzahlbausteine immer öfter gefordert werden in die absolute Nordpunkt-Stellung zu gelangen. Doch wenn gerade viele kleinere Polygone gemeinsam auf den absoluten Nordpunkt gerichtet sind, dann bedeutet dies, dass die Zahlen dieser Polygone bis zur Bildung der nächsten Verszahl Lücken hinterlassen. Wenn jedoch in den Lücken neue Verszahlen erscheinen, dann können sie nur in andere Primfaktoren zerlegt werden. Die Forderung, dass Strecken von Verszahlen nur Bausteine früherer Primzahlen haben dürfen, andererseits aber auch an bestimmten Positionen erscheinen müssen, damit Primzahlzwillinge verhindert werden, erscheint widersprüchlich. Bis zum Zeitpunkt der Bildung von $P4$ haben sich alle Polygone für sich genommen in gleichmäßigen Rotationen bewegt. Das Zusammenspiel all dieser wirkte zwar ungeordnet, ließ aber trotzdem zureichend Lücken zu, in denen Primzahlen erscheinen konnten. Da von $P4$ bis 7 $P5$ nur diese Polygone Verszahlen bilden, bedeutet dies, dass sich ihr Rotationsprinzip zueinander nach einem geordneten Prinzip so verhält, dass immer an der Stelle eines MP-Zahlenzwillings eine Verszahl gebildet wird. Es ist kaum vorstellbar, dass sich eine solche Situation ab einem Zeitpunkt im Zahlenteppich ergibt und bis in die Unendlichkeit aufrecht erhält.

Der Grund dafür liegt meines Erachtens in einem Wechselspiel von Chaos und Ordnung. Für die Ordnung sorgen Zahlen des Typs QF oder GQF. Immer wenn im Zahlenteppich solche Zahlen erscheinen, an dessen Bildung auch Primzahlen beteiligt sind, dann bedeutet dies für alle beteiligten Primzahlen, dass sie in den nahen Lücken um QF und GQF – Zahlen keine Produkte bilden können. Dies müssten dann andere Primzahlen bewerkstelligen. Wenn dies nicht der Fall ist, dann erscheinen an den

Positionen im Umfeld der QF und GQF – Zahlen Primzahlen oder Primzahlzwillinge. Bei der Bildung einer QF oder GQF-Zahl erscheint ein Chaos nur für alle nicht beteiligten Primzahlen. Die Ordnung der beteiligten Primzahlen hält für bestimmte Abstände von QF oder GQF-Zahlen an.

Das Umschlagen von Ordnung zu Chaos und wieder zu Ordnung lässt sich auch am Beispiel beider Zahlentypen zeigen.

Wenn ich z.B. eine QF-Zahl L bilde, dessen Multiplikatoren und Multiplikanden 3, 5 und 7 sind, dann wäre 2L eine GQF-Zahl.

3, 5 und 7 bilden also die gemeinsame Zahl 105. Zu diesem Zeitpunkt bildet sich für die drei Zahlen eine Ordnung. Ihre Polygone zeigen alle auf den absoluten Nordpunkt. Da L eine QF-Zahl ist, füllt keine der drei Zahlen durch Multiplikationen die Lücken bei QF +/- 2 und QF +/- 4. Der nächste Zeitpunkt, an dem sich alle drei Polygone gemeinsam am absoluten Nordpunkt treffen ist 2L. Bei 2L bzw. 210 erschaffen somit 2, 3, 5 und 7 eine gemeinsame Ordnung. Daher können die vier Zahlen auch nicht die Lücken bei GQF +/- 1 durch Produktbildung schließen.

Meine Frage ist, an welchem Punkt zwischen 105 und 210 die Ordnung von 105 für die beteiligten Zahlen in ein Chaos umschlägt und ab wann sich das Chaos wieder in eine Ordnung umwandelt, die dann für die beteiligten Zahlen bei 210 den nächsten Höhepunkt erreicht.

Die Antwort ist nicht leicht zu geben. Die Umwandlung erfolgt allmählich. Wenn die Polygone ab 105 weiter rotieren, dann verwischen die Spuren der einstigen Ordnung. Die 3 springt zur 108, die 5 zur 110 und die 7 zur 112 um das jeweils nächste Produkt zu bilden. An der Zahl 120 treffen sich noch mal die Polygone von 3 und 5 am absoluten Nordpunkt. An der Zahl 126 kommt es zu einem Zusammentreffen der Polygone 3 und 7 und an der Zahl 140 eins der Polygone 5 und 7.

Wenn man jetzt den Verlauf der Polygone von 210 aus rekursiv betrachten würde, dann wäre der Verlauf von 210 minus 3, minus 5, minus 7, minus 15, minus 21 und minus 35 eine gespiegelte Variante der Sprungfolgen die nach 105 für die Polygone bis 140 verlaufen. 210 minus 35 bzw. 210 minus 5 x 7 = 175 wäre demnach die gespiegelte Variante von 140 bzw. 105 plus 5 x 7.

Da jedes Polygon seinen eigenen Gesetzmäßigkeiten folgt bleibt die Ordnung zwar noch bestehen. Sie wird aber zunehmend unerkennbarer. Meines Erachtens sind nach der Ordnung bei 105 die letzten Spuren erkennbarer Ordnung nach 140 beseitigt. Ab 175 hingegen beginnen die drei Polygone sich wieder in ihren Rotationen auf ein Zusammentreffen bei 210 einzudrehen. Der Raum zwischen 140 und 175 ist meines Erachtens der Raum, in dem die Ordnung schwer erkennbar wird und den ich daher als chaotischen Raum für die drei Polygone bezeichnen möchte. Den Umschlagpunkt, an dem Ordnung und Chaos und wieder Ordnung aufeinandertreffen würde ich bei der Zahl 158 verorten, die genau in der Mitte zwischen 140 und 175 liegt.

Das Chaos und die Ordnung der Primzahlen lassen sich auch gut graphisch veranschaulichen. Statt Polygone wähle ich hierfür Ringe, wobei jeder Ring für einen Primzahl-Multiplikator größer/gleich 7 steht. Ein kleiner Ring symbolisiert dabei eine kleine Primzahl und ein großer Ring eine große. Dies liegt daran, weil eine kleine Primzahl häufiger Multiplikationen eingeht, ihr Ring sich somit schneller um die eigene Achse dreht bzw. ein höheres Rotationstempo erreicht. Jeder der schwarzen und grauen Ringe hat dabei eine kleine Öffnung. Wenn diese kleine Öffnung nach Norden zeigt, dann bedeutet dies, dass der jeweilige Ring-Multiplikator in dem Moment eine Multiplikation eingeht.

Ich hatte schon am Rotationssystem gezeigt, dass zunächst die Zahl 7 mit der Rotation beginnt, nach vier Zeitabschnitten beginnt die 11 u.s.w.

Gleiches gilt auch für das Ringsystem. Irgendwann im Zahlenteppich könnte dann ein Muster erscheinen, das wie die nachfolgende Grafik aussieht.

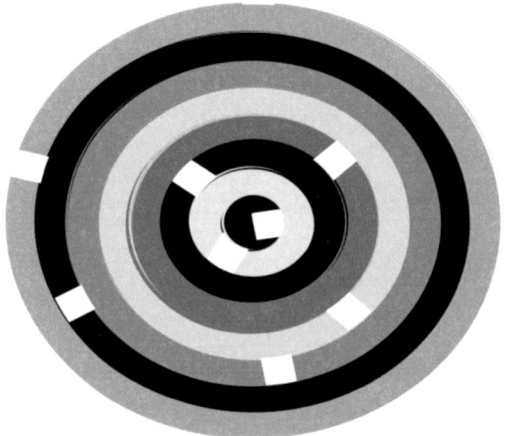

Das vorausgehende Beispiel lässt für keinen der Ring-Multiplikatoren Beteiligungen an Multiplikationen zu, weil keine der Ringöffnungen gen Norden zeigt. Bei der Bildung eines gemeinsamen Produkts L, an dem verschiedene Multiplikatoren und Multiplikanden beteiligt sind, sieht das Muster für die entsprechenden Ringe wie nachfolgend aus.

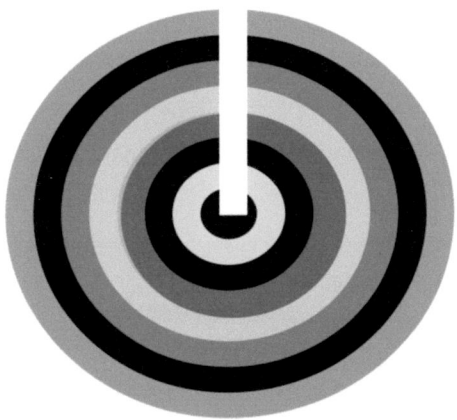

Nach dem Zusammentreffen der beteiligten Ring-Multiplikatoren verändert sich ihre gemeinsame Struktur zunehmend. Nach nur wenigen Zahlen hinter L ist aufgrund der Rangfolge der kleinen Multiplikatoren vor den größeren, noch die einstige Ordnung zu erkennen, doch schon wenige Zahlen später, erscheinen chaotische Strukturen. Gemeinsam ordentliche Strukturen erreichen die beteiligten Multiplikatoren dann wieder beim nächsten gemeinsamen Produkt.

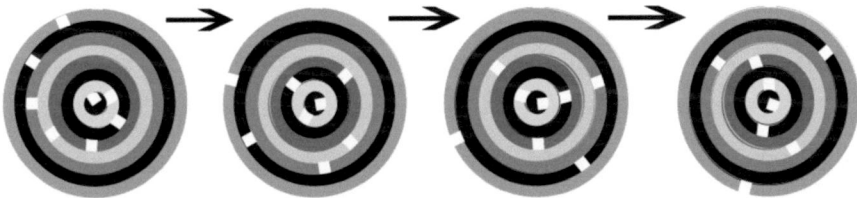

In meiner Grafik hat jedes Ringsystem acht Ringe, die für die acht kleinsten Primzahlmultiplikatoren stehen. Natürlich kommen mit dem Erscheinen immer neuer Primzahlen auch immer neue Ringe ins System dazu. Und wenn zu einem Zeitpunkt die Öffnungen von einem Teil der Ringe gen Norden zeigen, dann befinden sich schon wieder neue Ringe in ihrer

Rotation, welche für Primzahlen stehen, die durch nachfolgende Produktbildungen das Erscheinen anderer Primzahlen verhindern könnten.

Bereits an den acht Ringen wird erkennbar, wie hoch die Möglichkeit an Stellungen der Ringe zueinander für die verschiedene Zeitpunkte sein muss. Nur die kleine Lücke steht für die Bildung einer Zahl durch einen Multiplikator und selbst wenn diese kleine Lücke gen Norden zeigt, muss es nicht heißen, dass die beteiligte Zahl eine Verszahl bildet. Es kann auch eine durch 2, 3 und / oder 5 teilbare Zahl sein. Bei allen restlichen Stellungen, wo keine Lücke nach Norden zeigt, entstehen keine Verszahlen, sondern andere. Wenn diese dann nicht durch 2, 3 und 5 teilbar sind und das sind acht von 30 Zahlen, dann handelt es sich bei den Zahlen um Primzahlen. Wenn die Lücke keines Ringes größer als 7, für 16 Zeiteinheiten nicht nach Norden zeigt, begünstigen diese Stellungen das Erscheinen von garantiert einem Primzahlzwilling. Die einzige Ausnahme schafft der Ring-Multiplikator 7. Bei ihm kommt es zusätzlich darauf an, ob er sich in seinen kleinen, mittelgroßen oder großen (den jeweiligen Sprüngen entsprechend) Rotationen befindet. Mittelgroße und große Rotationen sind nicht unbedingt Primzahlen verhindernd. Doch selbst bei kleinen Rotationen, denen zwei Multiplikationen entsprechen, kann selbst die 7 nicht immer das Erscheinen von Primzahlen und Primzahlzwillingen verhindern, eben weil ihr kleiner Sprung von einer ungeraden zur nächsten schon einen Abstand von 14 hat. Manchmal reicht es bereits aus, dass für zehn Zeiteinheiten, keine Lücke der Multiplikator-Ringe gen Norden zeigt, damit ein Primzahlzwilling erscheinen kann.

Für das Erscheinen oder das Verhindern von Primzahlzwillingen spielt meines Erachtens gar nicht mal so sehr die Anzahl der Primzahlen und damit der Ringe eine Rolle, sondern vielmehr der Abstand der Primzahlen zueinander und dessen Größe und damit Rotationsgeschwindigkeit. Wenn der Abstand groß ist, dann entsteht erst zu einem späteren Zeitpunkt ein neuer rotierender Ring. Dieser ist dann auch erheblich größer und somit in seiner Rotationsgeschwindigkeit erheblich langsamer als der vorherige, so dass seine Lücke seltener gen Norden zeigt.

Ein anderer Aspekt, warum ich es eher für unwahrscheinlich halte, dass es nur endlich viele Primzahlzwillinge gibt, hängt mit dem Wechselspiel von Chaos und Ordnung zusammen. Ich möchte dafür zwei Ringsysteme nebeneinander betrachten. Das kleine steht für kleine Primzahlmultiplikatoren und das große für sehr große.

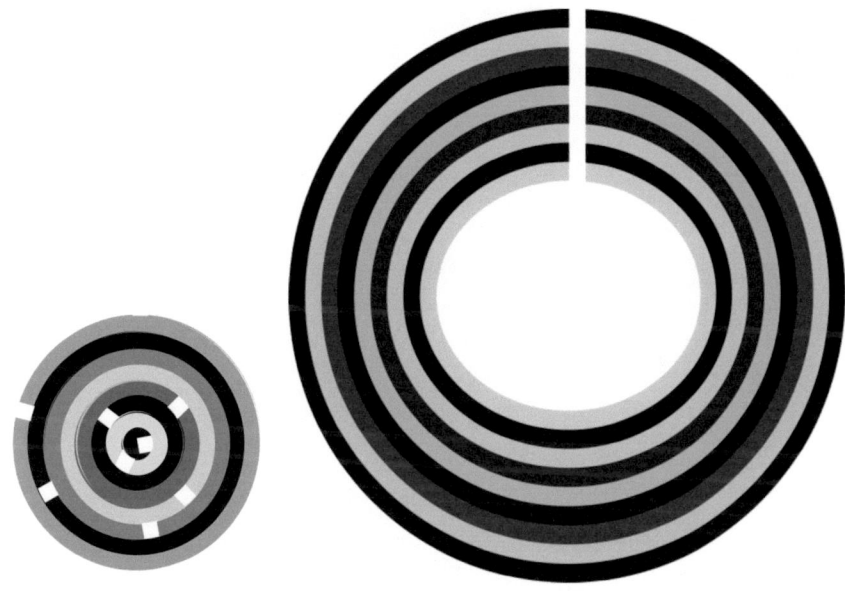

Die obere Situation steht für einen Zeitpunkt und damit für eine Bildung einer Zahl. Diesmal ist die Situation umgedreht. Hier bilden jetzt alle größeren Primzahlen ein großes Produkt, wohingegen die kleinen Primzahlen nicht an

239

dessen Bildung beteiligt sind. Die großen Primzahlen erzeugen zu diesem Zeitpunkt eine Ordnung, die hingegen bei den kleinen nicht erkennbar ist.

Doch selbst, wenn jetzt ein paar Zeitpunkte vergehen, muss das immer noch nicht heißen, dass jetzt kleine Multiplikatoren ein Produkt bilden, wohingegen die großen Multiplikationen gerade erst die Nordpunktstellung hinter sich gelassen haben. Für diese dauert es noch sehr lange, bis sie wieder an der Bildung einer Zahl beteiligt sind. Ein Beispiel dafür zeigt die nachfolgende Grafik.

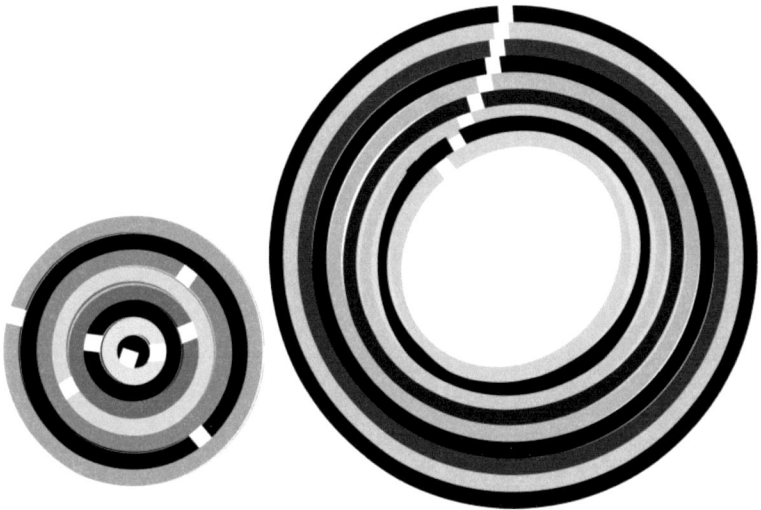

Das große Ringsystem zeigt, wie unbedeutend klein die Lücken im Verhältnis zu den Bereichen werden, an dem die große Primzahl nicht an der Bildung einer Zahl beteiligt ist. Und ich möchte noch einmal erwähnen, dass noch nicht einmal die Nordpunkt Stellung ein Garant für das Verhindern einer Primzahl ist, nämlich dann nicht, wenn der Ring an der Bildung einer durch 2, 3 und 5 teilbaren Zahl beteiligt ist. Von 30 Multiplikationen sind das nämlich immerhin 22.

Wenn das große Ringsystem sich weiter dreht, verschwindet die erkennbare Ordnung zusehend.

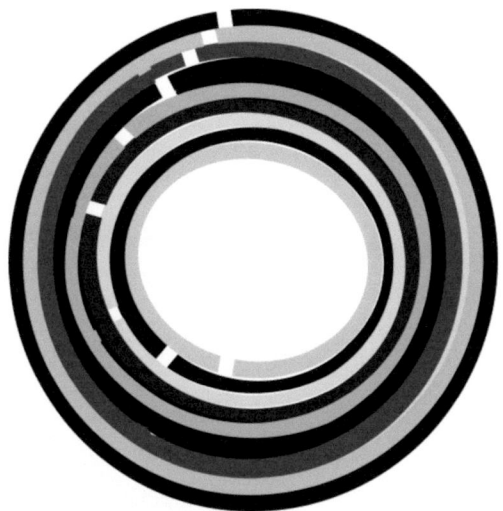

Es zeigt sich, wie schwach die Beteiligung großer Primzahlen im Verhältnis zu kleinen an der Bildung von Zahlen ist.

Die Primzahlen 2, 3 und 5 hinterlassen, trotz dass sie kombinierfreudig sind, dennoch pro 30 Zahlen acht Zahlen, an denen sie nicht beteiligt sind. Es wurden schon Primzahlen und Primzahlzwillinge sehr großer Größe entdeckt, was dafür spricht, dass alle vorausgehenden Primzahlen dessen Erscheinen auch nicht verhindern konnten. Es war also bis zu dem Bereich nicht möglich, dass die vorausgehenden Primzahlen die jeweils acht Lücken im 30er Zyklus mit Produkten füllen konnten. Daher möchte ich die Frage in den Raum stellen, wie das dann sehr große kombinierunfreudige Primzahlen schaffen sollen. Denn eins ist klar, alle Rotationsreihenfolgen wiederholen sich für jeweils kleinere Primzahlen. Ab dem Zeitpunkt L erzeugen alle gemeinsam an L beteiligten Primzahlen sogar eine Ordnung. Diese kann man mit beliebig vielen Multiplikanden multiplizieren und dennoch wiederholen sich immer wieder vorherige Abfolgen. Chaos entsteht hingen durch die neu hinzukommenden Primzahlen. Doch auch sie können irgendwann mit den früheren Primzahlen eine Ordnung bei einer Zahl L erzeugen.

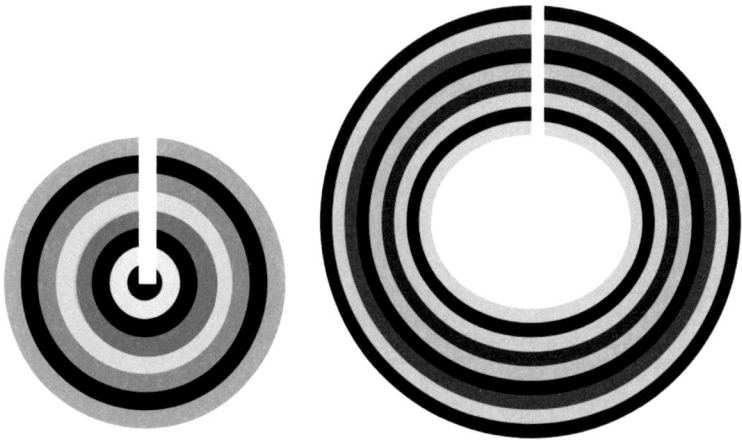

Dies wäre der Fall, wenn alle Primzahlen bis zu einem Bereich ein gemeinsames Produkt bilden. Jetzt sind aber wiederum noch größere Primzahlen gefordert, die jene nachfolgenden oder vorausgehenden Lücken füllen müssen. Dafür müssten diese sich aber einer bestimmte Rangfolge unterordnen, die so verlaufen müsste, dass immer mindestens eine Lücke eines Rings dann nach Norden zeigt, wenn im Zahlenteppich eine von sechs der drei MP-Zahlenzwillings-Positionen erreicht ist. Diese Rangfolge müsste sich bis ins Unendliche weiter fort spielen und für alle neuen Ringe zugleich Gültigkeit haben, obwohl die Ringe zudem ja auch noch seltener und mit größeren Abständen erscheinen.

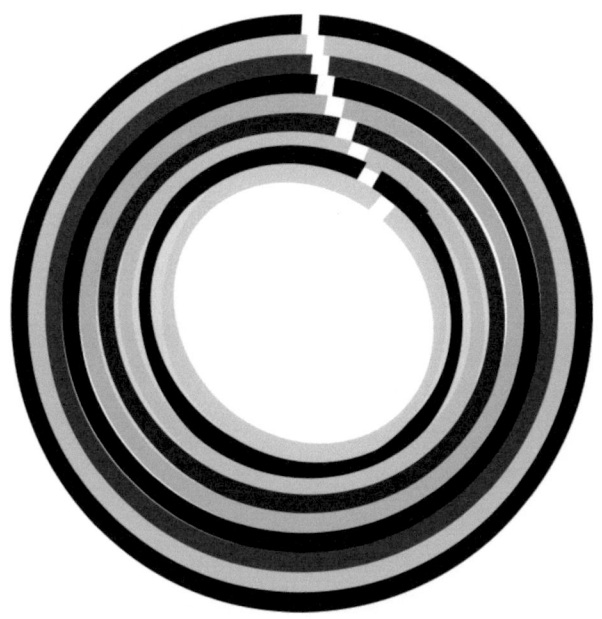

Meines Erachtens kann es eine solche Rangfolge, wie auf der oberen Grafik nicht dauerhaft geben, eben weil jede Primzahl eine andere Rotationsgeschwindigkeit hat.

Wenn man von einer dauerhaften ordentlichen Struktur ausgeht, dann führt dies zu einem Widerspruch. Einerseits könnte man sagen, dass die ordentliche Struktur erreicht wäre, wenn alle Primzahlen dauerhaft einen gleichen Abstand zueinander erreichen. Dies kann aber nicht sein, weil dieser sich mit den Multiplikationen verschiebt. Anderseits könnte man sagen, dass irgendwann eine solche Dichte erreicht wird, dass immer die Lücken gefüllt werden. Das könnte aber nicht sein, weil es dann irgendwann zu wenig Multiplikanden für Multiplikatoren gibt, was in einem noch höheren Bereich dazu führt, dass wieder mehr Lücken erscheinen. Dazu kommt, dass der Unendlichkeitsbeweis von Primzahlen zudem ja auch nach Lücken verlangt, in denen einzelne Primzahlen erscheinen.

243

Selbst wenn man gleiche Rotationsgeschwindigkeiten oder gleiche Rotationsstartzeiten annehmen würde, was ja aus dem Grund schon nicht sein kann, weil jede Primzahl eine andere Größe und wechselnde Abstände zueinander hat, dann wäre selbst das keine Idealvoraussetzung für das Verhindern weiterer Primzahlen. Die nachfolgende Grafik zeigt das Beispiel einer Situation, die es nie im Zahlenteppich geben wird.

Selbst wenn die Lücken der Multiplikator-Ringe für längere Zeitabschnitte oder dauerhaft in die gleiche Richtung zeigen würden, dann gäbe es trotzdem für zureichend Momente Zeiten, an denen Primzahlen erscheinen können.

Die Endlichkeitsbehauptung würde hinzukommend die Gestalt bzw. das Aussehen der Primzahlen verändern. Zur Verhinderung des Erscheinens von Primzahlen wären nämlich gesetzmäßige Sprungabfolgen notwendig. Die Multiplikatoren müssten sich nach Gesetzmäßigkeit an den MP-Zahlenzwillings-Positionen platzieren. Dies hätte nicht nur Einfluss auf ihre jeweiligen Abstände zueinander. Wenn man sich nämlich die Gestalt möglicher MP-Zahlenzwillinge anschaut, dann gibt es drei Typen, die sich danach unterscheiden, welche letzte Ziffer die Zahlen haben.

.0	.1	.2	.3	.4	.5	.6	.7	.8	.9
GF	MP	GQ	MP	G	QF	G	MP	GQ	MP
.0	.1	.2	.3	.4	.5	.6	.7	.8	.9
GF	Q	G	MP	GQ	F	G	Q	G	MP
.0	.1	.2	.3	.4	.5	.6	.7	.8	.9
GQF	MP	G	Q	G	F	GQ	MP	G	Q

Ein MP-Zahlenzwilling endet immer auf 1 und 3, einer immer auf 7 und 9 und einer immer auf 9 und 1. Der Anteil auf Zahlen mit einer letzten Ziffer 1 und 9 innerhalb der drei MP-Zahlenzwillinge ist größer als jener der Zahlen mit letzter Ziffer 3 und 7. Den Ausgleich für Zahlen mit solchen Ziffern schaffen dafür die verbleibenden einzeln stehenden MP-Zahlen. Meines Erachtens würde bei einer Endlichkeitsbehauptung die notwendige Ziffernabfolge bei der Bildung von Verszahlen in einen Konflikt geraten. Es müssten zu den unterschiedlichsten Zeitpunkten immer Zahlen gebildet werden, die den Ziffern-Typen der drei MP-Zahlenzwillinge entsprechen. Ob dies möglich wird, erscheint mir kaum vorstellbar. Schließlich bildet eine Zahl dadurch, dass sie auf ein Primzahlenpendant trifft, immer Zahlen mit einer ungeordneten Abfolge der letzten Ziffer. Dieser Sachverhalt müsste sich in irgendeiner Weise ausgleichen.

Diese Arbeit hat eine Vielzahl von Gründen hervorgebracht, die als Konglomerat eine tendenzielle Aussage über die Unendlichkeit von Primzahlzwillingen zulassen. Meines Erachtens scheint es nahezu ausgeschlossen, dass es nur endlich viele Primzahlzwillinge geben könnte. Eine solche Forderung würde von der Zahlenbildung gegeneinander konkurrierende Bedingungen erwarten. Dies erscheint mir aber höchst widersprüchlich. Obwohl mir ein endgültiger Beweis für die Unendlichkeit von Primzahlzwillingen nicht gelungen ist, würde ich dennoch mit allerhöchster Wahrscheinlichkeit sagen, dass es unendlich viele Primzahlzwillinge gibt. Möglicherweise ist ein solcher Beweis aufgrund dessen, dass man nicht alle Sachverhalte bei der Zahlenbildung in eine Formel aufnehmen kann, nie möglich. Es ist aber auch potentiell, dass es gelingen kann. Neben der Möglichkeit zu zeigen, dass es immer wieder zum Erscheinen zweier aufeinanderfolgender Primzahlen mit einem Abstand von nur 2 kommt, hat diese Arbeit drei weitere Möglichkeiten indirekter Beweisführung hervorgebracht. Vielleicht können für einen endgültigen Beweis ja eines Tages meine Erkenntnisse und Instrumentarien hilfreich sein.

Weitere Bücher des Autors:

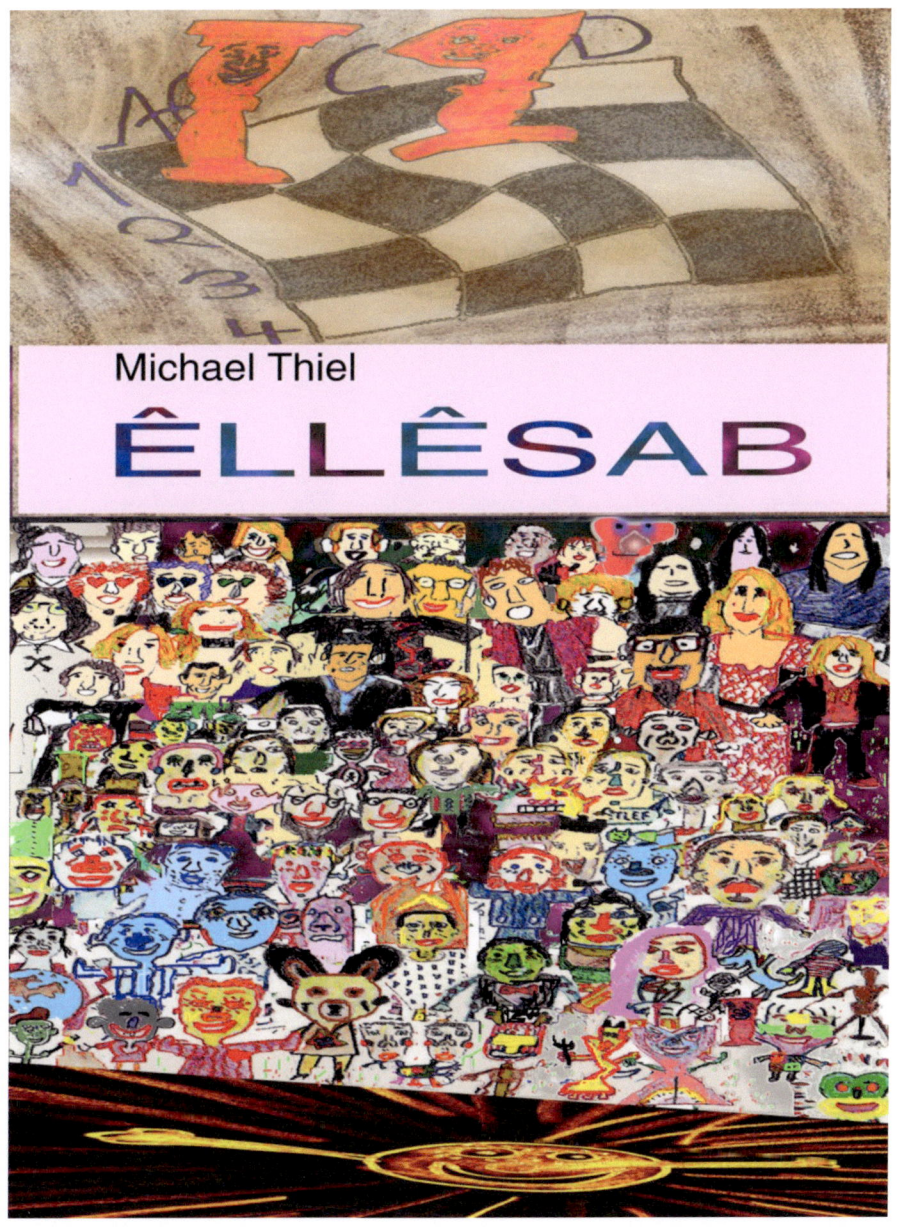